"十二五"职业教育国家规划教材
职业院校教学用书（网络安防系统安装与维护）

U0303685

网络安防系统安装与维护基础

陈振龙　江学斌　主　编

程　双　卢启衡　钟茂松　副主编

何文生　朱志辉　主　审

电子工业出版社

Publishing House of Electronics Industry

北京·BEIJING

内容简介

本书根据教育部颁发的《中等职业学校专业教学标准（试行）信息技术类（第二辑）》中的相关教学内容和要求编写。本书的编写从满足经济发展对高素质劳动者和技能型人才的需求出发，在课程结构、教学内容、教学方法等方面进行了新的探索与改革创新，以利于学生更好地掌握本课程的内容，利于学生理论知识的掌握和实际操作技能的提高。

本书紧密结合职业教育的特点，联系网络安防工程应用的实际情况，突出技能训练和动手能力培养，符合职业院校学生的学习要求。全书由 5 个项目构成，内容循序渐进，涵盖网络安防系统的三大构成子模块，每个模块均从体验认知、系统认识，再到关键产品认识，最后完成系统的安装与调试以及后期的系统维护，实现整个工程从开始到结束的全程模拟。学习者通过本书，将能够熟练掌握网络安防系统整个工程应用的全过程，为日后的就业打下坚实的基础。

本书可以作为职业院校网络安防系统、智能家居、智能楼宇等专业的专业课教材。

图书在版编目（CIP）数据

网络安防系统安装与维护基础/陈振龙，江学斌主编. —北京：电子工业出版社，2017.9

ISBN 978-7-121-32647-9

Ⅰ. ①网… Ⅱ. ①陈… ②江… Ⅲ. ①视频系统－监视控制－中等专业学校－教材 Ⅳ. ①TN94

中国版本图书馆 CIP 数据核字（2017）第 218411 号

策划编辑：杨　波
责任编辑：周宏敏
印　　刷：北京七彩京通数码快印有限公司
装　　订：北京七彩京通数码快印有限公司
出版发行：电子工业出版社
　　　　　北京市海淀区万寿路 173 信箱　　邮编　100036
开　　本：787×1 092　1/16　印张：11.75　字数：300 千字
版　　次：2017 年 9 月第 1 版
印　　次：2025 年 1 月第 12 次印刷
定　　价：28.00 元

编审委员会名单

主任委员：

武马群

副主任委员：

王 健　韩立凡　何文生

委　　员：（按姓氏笔画排序）

丁文慧　丁爱萍　于志博　马广月　马之云　马永芳　马玥桓　王 帅　王 苒

王 彬　王晓姝　王家青　王皓轩　王新萍　方 伟　方松林　孔祥华　龙天才

龙凯明　卢华东　由相宁　史宪美　史晓云　冯理明　冯雪燕　毕建伟　朱文娟

朱海波　向 华　刘 凌　刘小华　刘天真　关 莹　江永春　许昭霞　孙宏仪

苏日太夫　杜 珺　杜宏志　杜秋磊　李 飞　李 娜　李华平　李宇鹏　杨 杰

杨 怡　杨春红　吴 伦　何 琳　佘运祥　邹贵财　沈大林　宋 微　张 平

张 侨　张 玲　张士忠　张文库　张东义　张兴华　张呈江　张建文　张凌杰

张媛媛　陆 沁　陈 玲　陈 颜　陈丁君　陈天翔　陈观诚　陈佳玉　陈泓吉

陈学平　陈道斌　范铭慧　罗 丹　周 鹤　周海峰　庞 震　赵艳莉　赵晨阳

赵增敏　郝俊华　胡 尹　钟 勤　段 欣　段 标　姜全生　钱 峰　徐 宁

徐 兵　高 强　高 静　郭 荔　郭立红　郭朝勇　涂铁军　黄 彦　黄汉军

黄洪杰　崔长华　崔建成　梁 姗　彭仲昆　葛艳玲　董新春　韩雪涛　韩新洲

曾平驿　曾祥民　温 晞　谢世森　赖福生　谭建伟　戴建耘　魏茂林

序 | PROLOGUE

当今是一个由信息技术主宰的时代，以计算机应用为核心的信息技术已经渗透到人类活动的各个领域，彻底改变着人类传统的生产、工作、学习、交往、生活和思维方式。和语言和数学等能力一样，信息技术应用能力也已成为人们必须掌握的、非常重要的基本能力。职业教育作为国民教育体系和人力资源开发的重要组成部分，信息技术应用能力和计算机相关专业领域专项应用能力的培养，始终是职业教育培养多样化人才、传承技术技能、促进就业创业的重要载体和主要内容。

信息技术的发展，特别是数字媒体、互联网、移动通信等技术的普及应用，使信息技术的应用形态和领域都发生了重大的变化。第一，计算机技术的使用扩展至前所未有的程度，桌面电脑和移动终端（智能手机、平板电脑等）的普及，网络和移动通信技术的发展，使信息的获取、呈现与处理无处不在，人类社会生产、生活的诸多领域已无法脱离信息技术的支持而独立进行；第二，信息媒体处理的数字化衍生出新的信息技术应用领域，如数字影像、计算机平面设计、计算机动漫游戏、虚拟现实等；第三，信息技术与其他业务的应用有机地结合，如与商业、金融、交通、物流、加工制造、工业设计、广告传媒、影视娱乐等结合，形成了一些独立的生态体系，综合信息处理、数据分析、智能控制、媒体创意、网络传播等日益成为当前信息技术的主要应用领域，并诞生了云计算、物联网、大数据、3D打印等指引未来信息技术应用的发展方向。

信息技术的不断推陈出新及应用领域的综合化和普及化，直接影响着技术、技能型人才的信息技术能力的培养定位，并引领着职业教育领域信息技术或计算机相关专业与课程改革、配套教材的建设，使之不断推陈出新、与时俱进。

2009年，教育部颁布了《中等职业学校计算机应用基础大纲》，2014年，教育部在2010年新修订的专业目录基础上，相继颁布了计算机应用、数字媒体技术应用、计算机平面设计、计算机动漫与游戏制作、计算机网络技术、网站建设与管理、软件与信息服务、客户信息服务、计算机速录等9个信息技术类相关专业的教学标准，确定了教学实施及核心课程内容的指导意见。本套教材就是以此为依据，结合当前最新的信息技术发展趋势和企业应用案例组织开发和编写的。

本套系列教材的主要特色

● 对计算机专业类相关课程的教学内容进行重新整合

本套教材面向培养学生的基础应用能力，设定了系统操作、文档编辑、网络使用、数据分析、媒体处理、信息交互、外设与移动设备应用、系统维护维修、综合业务运用等内容；针对专业应用能力培养，根据专业和职业能力方向的不同，结合企业的具体应用业务规划了教材内容。

● 以岗位工作过程确定学习任务和目标，综合提升学生的专业能力、过程能力和职位差异能力

本套教材通过工作过程为导向的教学模式和模块化的知识能力整合结构，体现产业需求与专业设置、职业标准与课程内容、生产过程与教学过程、职业资格证书与学历证书、终身学习与职业教育的"五对接"。从学习目标到内容的设计上，本套教材不再仅仅是专业理论内容的复制，而是经由职业岗位实践——工作过程与岗位能力分析——技能知识学习应用内化的学习实训导引和案例。借助知识的重组与技能的强化，达到企业岗位情境和教学内容要求相贯通的课程融合目标。

● 以项目教学和任务案例实训为主线

本套教材通过项目教学，构建了工作业务的完整流程和岗位能力需求体系。项目的确定应遵循三个基本目标：核心能力的熟练程度、技术更新与延伸的再学习能力、不同业务情境应用的适应性。教材借助以校企合作为基础的实训任务，以应用能力为核心，以案例为线索，通过设立情境、任务解析、引导示范、基础练习、难点解析与知识延伸、能力提升训练和总结评价等环节引领学生在任务的完成过程中积累技能、学习知识，并迁移到不同业务情境的任务解决过程中，使学生在未来可以从容面对不同应用场景的工作岗位。

当前，全国职业教育领域都在深入贯彻全国工作会议精神，学习领会中央对职业教育的重要批示，全力加快推进现代职业教育。国务院出台的《加快发展现代职业教育的决定》明确提出要"形成适应发展需求、产教深度融合、中职高职衔接、职业教育与普通教育相互沟通，体现终身教育理念，具有中国特色、世界水平的现代职业教育体系"。现代职业教育体系的建立将带来人才培养模式、教育教学方式和办学体制机制的巨大变革，这无疑给职业院校信息技术应用人才培养提出了新的目标。计算机类相关专业的教学必须要适应改革，始终把握技术发展和技术技能人才培养的最新动向，坚持产教融合、校企合作、工学结合、知行合一，为培养出更多适应产业升级转型和经济发展的高素质职业人才做出更大贡献！

前言 | PREFACE

为建立健全教育质量保障体系，提高职业教育质量，教育部于 2014 年颁布了《中等职业学校专业教学标准》（以下简称"专业教学标准"）。专业教学标准是指导和管理中等职业学校教学工作的主要依据，是保证教育教学质量和人才培养规格的纲领性教学文件。在"教育部办公厅关于公布首批《中等职业学校专业教学标准（试行）》目录的通知（教职成厅[2014]11 号文）"中，强调"专业教学标准是开展专业教学的基本文件，是明确培养目标和规格、组织实施教学、规范教学管理、加强专业建设、开发教材和学习资源的基本依据，是评估教育教学质量的主要标尺，同时也是社会用人单位选用中等职业学校毕业生的重要参考"。

本书特色

本书根据教育部颁发的《中等职业学校专业教学标准（试行）信息技术类（第二辑）》中的相关教学内容和要求编写。本书由多位从事网络安防相关专业教学的一线骨干教师与企业相关工程师经过长期的调研与研讨，并紧密结合中等职业学校学生特点与网络安防技术革新发展编写而成，其主要特点如下：

1. 采用任务学习驱动模式。以"项目"为主线、"任务"为模块，通过每个任务学习、问题解决的过程夯实理论基础。

2. 由浅入深，循序渐进。根据中职生的认知特点，从认知体验开始，到对系统的构建认识，再到对系统细分设备的认识，直至对系统的整体应用。让学生在每个任务的体验、执行过程中逐渐系统地掌握网络安防相关内容。

3. 图文并茂，图表讲解。多采用直观的图表展示，每项内容或任务执行步骤均有相关的图表辅助，直观易懂，简单明了。

4. 紧跟技术革新发展。本书所介绍的均是一线企业正在使用各种设备与技术，编写的过程中反复与企业的工程师沟通、研讨，各种图表更是直接来源于企业的内部资料。

本书编者

本书由陈振龙、江学斌主编，程双、卢启衡、钟茂松副主编，何文生、朱志辉主审，吴向春、陈颜、卢学梅、罗志刚、熊建峰等参与了本书的编写。在编写过程中，得到了全体同仁的支持和帮助，在此表示衷心的感谢！

由于编者水平有限，书中疏漏和不足之处在所难免，敬请读者批评指正。

教学资源

为了给教学提供方便，本书提供电子教学资源包，请有需要的教师登录华信教育资源网进行免费下载。

编　者

目 录

CONTENTS

项目一　安全防范系统概述 ……………………………………………………… 1

　　学习任务一　安全防范系统的基础认识 ……………………………………… 3
　　学习任务二　安全防范系统的构建 …………………………………………… 7

项目二　视频监控系统 …………………………………………………………… 11

　　学习任务一　视频监控系统的发展趋势 ……………………………………… 13
　　学习任务二　常见视频监控系统的分类 ……………………………………… 15
　　学习任务三　网络视频监控系统关键产品的认识 …………………………… 23
　　学习任务四　视频监控系统的安装与调试 …………………………………… 38

项目三　入侵报警系统 …………………………………………………………… 106

　　学习任务一　入侵报警系统的功能认识 ……………………………………… 108
　　学习任务二　入侵报警系统的构建 …………………………………………… 111
　　学习任务三　入侵报警系统的关键产品认识 ………………………………… 113
　　学习任务四　入侵报警系统的安装与调试 …………………………………… 122

项目四　出入口控制系统 ………………………………………………………… 133

　　学习任务一　出入口控制系统的功能认识 …………………………………… 136
　　学习任务二　出入口控制系统的构建 ………………………………………… 140
　　学习任务三　出入口控制系统的关键产品认识 ……………………………… 141
　　学习任务四　出入口控制系统的安装与调试 ………………………………… 148

项目五　网络安防系统的维护 …………………………………………………… 160

　　学习任务一　视频监控系统的维护 …………………………………………… 161
　　学习任务二　入侵报警系统的维护 …………………………………………… 170
　　学习任务三　出入口控制系统的维护 ………………………………………… 175

安全防范系统概述

你知道吗?

随着国家经济水平及人们生活水平的提高,人们不管是对工作环境的安全性要求,还是对生活环境的安全性要求都日益严格,加强安全防范设施的建设和管理,使人们的生活更加安全、美好、健康,是当前城市建设管理的重要内容之一。因此,在各种商业大厦、住宅小区及学校等场所均引进了安全防范系统进行安全管理。

学习目标

知识目标:
1. 掌握安全防范系统的概念。
2. 掌握安全防范系统的组成内容。
3. 理解安全防范系统的应用。

能力目标:
1. 能够理解安全防范系统的几大组成子系统。
2. 能够知道安全防范系统的应用场景及对象。

应用场景

我国 2007 年 7 月正式实施的《智能建筑设计标准》(GB/T 50314—2006),对智能建筑的定义是"以建筑物为平台,兼备信息设施系统、信息化应用系统、建筑设备管理系统、公共安全系统等,集结构、系统、服务、管理及其优化组合为一体,向人们提供安全、高效、便捷、节能、环保、健康的建筑环境"。而安全防范系统是决定智能建筑能否投入使用的重要环节,它是为预防灾害事故和维护社会公共安全,将现代电子、信息处理、通信、多媒体应用及计算机控制原理等高新技术及其产品,应用于防盗、防暴、防抢、防破坏、视频监控、入侵报警、出入口控制、周界防范、安全检查等相关安全技术防范的系统。

根据使用规模的不同、应用需求的不同或环境特点的不同,人们所设计或采用的安全防范系统所包含的内容也不一样,安全防范系统的常用子系统一般有:视频监控系统、入侵报警系统、出入口控制系统、电子巡更系统、一卡通管理系统等。另外,随着网络的发展，安全防范系统的应用也越来越网络化，网络安防应用的系统结构图如图1-1所示。

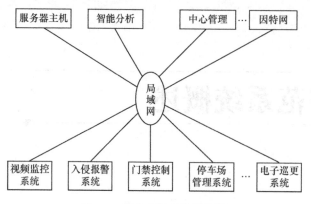

图1-1 网络安防系统结构图

随着技术的发展，现代安全防范系统已不再只是通过安装一个摄像机或一个防盗网来保障区域的安全或满足人们对居住环境的要求了。现代安全防范系统往往由几个不同的子系统联动构成，由智能控制系统实现信息处理，并通过网络实现远程监视与控制，从而保障住宅小区、商业大厦或公共环境区域的安全。而构建一套完善的安全防范系统，首先必须理解掌握安全防范系统的相关基础知识，如安全防范系统的相关概念、系统组成、安全防范系统等级要求等，同时也为后面深入学习各种子系统打下牢固的基础。因此，结合以上安全防范系统的应用场景及其在生活中的具体应用，学习"安全防范系统概述"的任务步骤如下：

1. 安全防范系统的基础认识。
2. 安全防范系统的构建。

模拟情境：在某一小区的管理中心，可以实时看到进出的人，且每个进出的业主都可以使用密码或卡片（访客可以通过与业主视频通话）开锁进入小区，而若有人试图翻越围墙闯入小区时，现场不仅会发生警报，管理中心同样会接到警报，另外，附近的摄像机将自动转向警报现场并进行录像。

可正常工作的视频监控系统（带可控制的摄像机与监视器）、门禁控制系统（带键盘读卡器与电锁）、入侵报警系统（带主动式红外对射探测器与声光报警器）。监控系统可以预设为：当监视画面有动态时，将自动进行录像，同时与入侵报警系统联动，当发生警报时，

摄像机自动转向探测器所在的位置；门禁监控系统的开锁密码预设为：1234；入侵报警系统设置为即时报警模式，并启动布防。

 认知步骤

安全防范系统认知过程如图1-2所示。

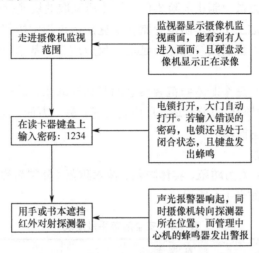

图1-2　安全防范系统认知过程

 讨论思考

1．这种体验的过程，你在生活中遇到过吗？请你与大家分享一下。

2．体验过后，你觉得这个小区安全吗？请说说各个设备在安保中都起到了什么作用。

3．此小区的安全防范系统都是由哪些部分组成呢？

学习任务一　安全防范系统的基础认识

 知识解析

1．安全防范

安全就是没有危险、不受侵害、不出事故。防范就是防备和戒备。防备是指做好准备以应付攻击或避免受害；戒备是指防护和保护。

安全防范有广义和狭义之分。广义的安全防范是指做好准备和保护，以应付攻击或避免受害，从而使被保护对象处于没有危险、不受侵害、不出事故的安全状态。

我们通常所说的安全防范是狭义的安全防范，是指以维护社会公共安全为目的，防入

侵、防盗窃、防抢劫、防破坏、防爆炸、防火和安全检查等措施与手段，一般简称为"四防"（防盗、防抢、防破坏、防爆炸）。安全防范是公安保卫工作的术语，有的地区又称为"保安"、"保全"等。

2．安全防范的要素

安全防范的三个基本要素是：探测、延迟、反应。

探测是指感知显性和隐性风险事件的发生并发出报警。延迟是指延长和推延事件发生的进程。反应是指组织力量为制止风险事件的发生所采取的快速行动。

探测、延迟、反应这三个基本防范要素在实施防范过程中所起的作用各不相同，要实现安全防范的最终目的，就要围绕探测、延迟、反应这三个基本防范要素来展开工作，采取措施。

探测、延迟、反应这三个基本防范要素之间是相互联系、缺一不可的关系。一方面，探测要准确无误，延迟时间长短要合适，反应要迅速；另一方面，反应的总时间应小于（最多等于）探测加延迟的总时间。

3．安全防范的手段

安全防范的手段是：人力防范、实体防范、技术防范（分别简称"人防、物防、技防"）。

安全防范手段图表如表 1-1 所示。

表 1-1   安全防范手段图表

基本防范手段	防范设备	作用	地位
人力防范（人防）	人的传感器官（眼、耳、口等）	发现破坏安全目标	基础
实体防范（物防）	建筑物、实体屏障以及与其匹配的各种实物设施设备和产品（如门、窗、柜、锁等）	推迟危险的发生，为反应提供足够的时间	关键
技术防范（技防）	电子技术、传感器技术和计算机等技术组成的器材设备	达到防入侵、防盗、防破坏等目的	最终目标

4．安全防范技术与安全技术防范

安全防范技术就是用于安全防范的专门技术，在国外，安全防范技术可以分为三类：物理防范技术（Physical Protection）、电子防范技术（Electronic Protection）、生物统计学防范技术（Biometric Protection）。

物理防范技术主要指实体防范技术，如建筑物和实体屏障以及与其匹配的各种实物设施、设备和产品（如门、窗、柜、锁等）。

电子防范技术主要是指应用于安全防范的电子、通信、计算机与信息处理及其相关技术，如电子报警技术、视频监控技术、出入口控制技术、计算机网络技术及其相关的各种软件、系统工程等。

生物统计学防范技术主要是指利用人体的生物学特征进行安全防范的一种特殊技术门类，目前应用较多的有指纹、掌纹、视网膜、脸形等识别控制技术。

安全技术防范是以安全防范技术为先导，以人力防范为基础，以技术防范和实体防范为手段所建立的一种探测、延迟、反应有序结合的安全防范服务保障系统。

5．安全防范系统

安全防范系统（SPS，Security & Protection System）简称安防系统，是以维护社会公共安全为目的，运用安全防范产品和其他相关产品所构成的入侵报警系统、视频安防监控系统、出入口控制系统、防爆安全检查系统等；或由这些系统为子系统组合或集成的电子系统或网络（GB 50348—2004《安全防范工程技术规范》）。智能办公场所安全防范监控系统示意图如图1-3所示。

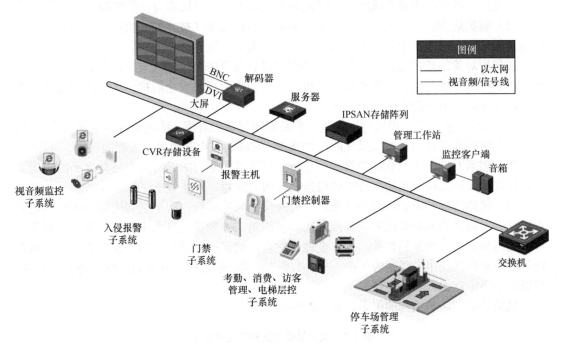

图1-3　智能办公场所安全防范监控系统示意图

安全防范系统在国外称为损失预防与犯罪预防（Loss prevention & Crime prevention）。损失预防和犯罪预防是安全防范系统的本质内涵。损失预防是安防产业的任务，犯罪预防是警察执法部门的职责。

6．安全防范系统的要素

安全防范系统的三个环节：检测（Detection）、控制（Control）、执行（Acting）是与安全防范的探测、延迟与反应三个基本要素一一对应的。

检测是传感器、探测器、摄像机、读卡器的工作；执行是执行器、显示器、报警装置、门锁、门闸的工作。

（1）通过各种传感器等多种技术途径，探测到环境物理参数的变化或传感器自身工作状态的变化，及时发现是否有强行或非法侵入的行为。

（2）通过各种控制器观察和判断传感器传来的信号的真实性，使用不同控制策略和控制手段，完成图像显示、报警传递、门锁或闸门的开闭等动作。

（3）在防范系统发出控制后，采取必要的行动来制止风险的发生或制服入侵者，及时处理突发事件，控制事态的发展。

7．安全防范系统的等级要求

安全防范系统是人、设备、技术、管理的综合产物。在讲到安全防范系统时就不能不涉及风险等级、防护级别和安全防护水平这三者以及它们之间的关系了。

（1）风险等级：指存在于人和财产（被保护对象）周围的、对他（它）们构成严重威胁的程度。这里所说的威胁，主要是指可能产生的人为的威胁（或风险）。

被保护对象的风险等级，主要根据其人员、财产、物品的重要价值、日常业务数量、所处地理环境、受侵害的可能性以及公安机关对其安全水平的要求等因素综合确定。一般分为三级：一级风险为最高风险，二级风险为高风险，三级风险为一般风险。

（2）防护级别：指对人和财产安全所采取的防范措施（技术的和组织的）的水平。防护级别的高低，既取决于安全防范的水平，也取决于组织管理的水平。

被保护对象的防护级别，主要由所采取的综合安全防范措施（人防、物防、技防）的硬件、软件水平来确定。一般也分为三级，一级防护为最高安全防护，二级防护为高安全防护，三级防护为一般安全防护。

（3）安全防护水平：指风险等级被防护级别所覆盖的程度，即达到或实现安全的程度。

安全防护水平是一个难以量化的定性概念，它既与安全防范系统设施的功能、可靠性、安全性等因素有关，更与系统的维护、使用、管理等因素有关。对安全防护水平的正确评估，往往需要在工程竣工验收后经过相当长时间的运营，才能做出评估。

（4）风险等级和防护级别的关系：一般来说，风险等级与防护级别的划分应有一定的对应关系：高风险的对象应采取高级别的防护措施，才能获得高水平的安全防护。如果高风险的对象采用低级别的防护，则安全性必然差，被保护的对象很容易发生危险；但如果低风险的对象又使用高级别的防护，安全水平当然高，但这种工程就会造成经济上的浪费，所以也是不可取的。

风险等级和防护级别的关系如表1-2所示。

表1-2　风险等级和防护级别的关系

级　别 ＼ 风险等级	一级	二级	三级
风险等级	最高	高	一般
防护级别	最高	高	一般
安全防护水平	最高	高	高
安全性	最高	高	高
经济开支	最高	高	一般

任务回顾

本任务从安全防范系统的现实意义入手，了解安全防范系统在生活中起到的作用，并以此深入探索安全防范系统的相关概念，如安全防范的含义、要素、手段，安全防范系统的概念、要素以及等级要求组成等基础知识。

自我检测

简答题

1. 安全防范的含义是什么？

2. 安全防范的要素有哪些？最终目的是什么？相互间存在的关系是什么？

3．安全防范技术与安全技术防范的关系如何？

4．安全防范系统的含义是什么？

5．安全防范系统的防护等级有哪些要求？

学习任务二　安全防范系统的构建

 知识解析

在安全防范系统中，常用的子系统为视频监控系统、入侵报警系统、出入口控制系统、停车场管理系统、电子巡更系统、智能"一卡通"系统等，但其中的视频监控系统、入侵报警系统及出入口控制系统是安全防范系统的 3 个核心子系统，也是一个完善的安全防范系统所必备的子系统，如图 1-4 所示。

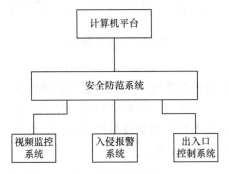

图 1-4　安防系统组成框图

1．视频监控系统

视频监控系统是在各种重要的场合安装摄像机，将监测区域的现场情况以图像视频的方式实时传送到监控中心或指定的位置，使值班人员或安保人员通过电视屏幕能够实时了解掌握各个重要场合的实际情况，从而不仅大大提高了安保力度，还解放了不少人力。另外，视频监控系统除了实时监视外，还能根据设定进行录像，记录现场的情况，以备日后重放做取证分析之用。视频监控系统如图 1-5 所示。

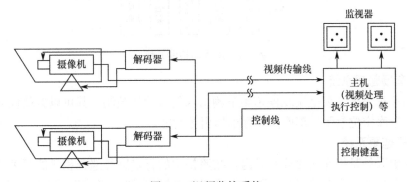

图 1-5　视频监控系统

2．入侵报警系统

入侵报警系统是指在各种重要场合安装报警探测器并进行布防，当报警探测器探测到非法入侵信号时，及时发出警报信息，引起安保人员注意的报警系统。其一般是由前端探测器（如红外探测器、门磁、激光周界探测器等）、信号采集控制器及报警执行器等设备组成，入侵报警系统如图1-6所示。

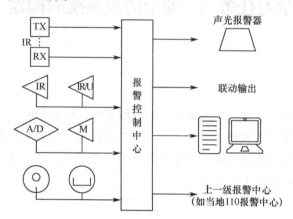

图1-6　入侵报警系统

3．出入口控制系统

出入口控制系统又称门禁控制系统，该系统是对建筑物的出入通道进行控制管理，其是进入建筑物之前最重要的一个环节，常被安装在大楼的入口处、档案室门、金库门等地方。出入口控制系统常根据出入凭证识别设备的不同，分为人体自动识别和卡片式出入口控制系统。出入口控制系统如图1-7所示。

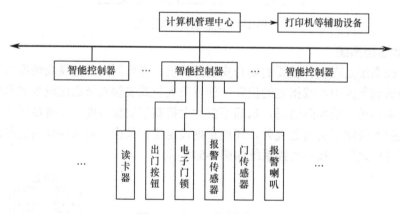

图1-7　出入口控制系统

4．停车场管理系统

停车场管理系统主要是实现停车场车辆出入的自动化控制，其可以方便地实现车辆出入、计费、车库空位显示、车库内外行车指引等功能。

5．电子巡更系统

电子巡更系统是指在大楼或小区内，按照指定的行走路径巡查相应的开关或读卡器，以确保安保人员按照指定的路线对区域进行巡逻，从而保障大楼或小区与安保人员的安全。

6. 各子系统的相互关系

一个完整的安全防范系统应具备图像监控功能、探测报警功能、控制功能、自动化辅助功能等。各子系统的相互关系如图 1-8 所示。

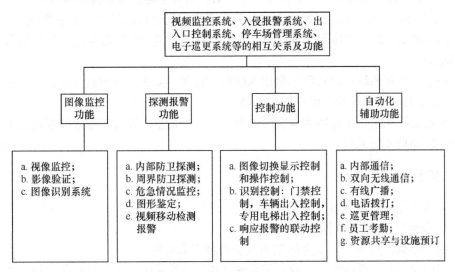

图 1-8　安防各子系统的关系

 **任务回顾**

本任务主要学习安全防范系统中的视频监控系统、入侵报警系统、出入口控制系统、停车场管理系统、电子巡更系统等基本概念，以及这些子系统在生活中的应用、要求；最后通过一个图表指出安防系统的各大子系统之间的关系，加深对安防具体各子系统的知识理解。

 **自我检测**

一、填空题

1. 安全防范的手段应该包括_____、物防、_____。

2. 安全防范的三个基本要素为：_____、延迟、_____；它们与安全防范系统的_____、控制、_____三个环节一一对应。

3. 安全防范的风险等级一般分为三级：分别是_____、_____、_____。

4. 一个完善的安全技术防范系统所必备的子系统是：_____、出入口控制系统、_____。

5. 一个完整的安全防范系统应具备图像监控功能、_____、_____、自动化辅助功能等。

二、判断题

1．安全技术防范是以安全防范技术为先导，以人力防范为基础，以技术防范和实体防范为手段所建立的一种探测、延迟、反应有序结合的安全防范服务保障系统。　（　　）

2．入侵报警系统一般由报警探测器、信号采集控制器和监控中心设备组成。（　　）

3．门禁控制系统按照出入凭证和凭证识别设备的不同，可分为卡片出入控制系统和人体自动识别系统。　（　　）

4．停车场管理系统可以实现车辆出入的自动控制，实现有效的监控与管理，并记录车辆出入，但不具备防盗报警及倒车限位功能。　（　　）

5．视频监控系统除了能够实现实时监视现场之外，还能够设定部分时段进行录像，但是做不到 24 小时实时录像。　（　　）

三、简答题

1．安全防范系统的内容一般包含哪些？

2．视频监控系统的应用场合有哪些？

3．对于不同应用场合，安全防范系统的等级要求如何？

4．归纳安全防范系统的三大核心子系统"视频监控系统"、"入侵报警系统"、"出入口控制系统"的组成，并画出它们的组成框图，说明各系统的功能与作用。

视频监控系统

你知道吗？

随着摄像技术、互联网技术的发展与应用，人们把许多智能设备连接在一起实现互联互通。视频监控系统就是其中一个典型应用，它可以帮我们实现许多安全防护工作。例如，工厂、医院、交通部门可以应用视频监控系统实现安全生产监管、医护管理、交通管理等，不仅节省了人力物力，而且提高了工作效率。

学习目标

知识目标：

1．掌握视频监控系统的概念及其发展趋势。

2．掌握视频监控系统的组成内容及其分类。

3．了解网络视频监控系统的关键产品。

能力目标：

1．能够理解视频监控系统的组成结构。

2．能够理解视频监控系统关键产品的功能与作用。

3．能够掌握视频监控系统的具体应用。

应用场景

网络安防行业是一个朝阳行业，视频监控系统作为网络安防行业的一个重要组成部分，伴随着多媒体技术、编解码技术、网络技术等 IT 技术的发展而成熟起来。如今在智能家居、智能楼宇、智能小区、智慧城市等的建设方面，视频监控系统都是最为核心的组成部分之一。视频监控系统的组成框图如图 2-1 所示。

任务分析

视频监控系统是运用了先进的传感技术、监控摄像技术、通信技术和计算机技术，探测、监视设防区域并实时显示、记录现场图像的电子系统或网络系统。例如，在智能小区中人们会在各种重要的场合（如出入口、电梯、停车场等）安装摄像机，将监测区域的现场情况以图像视频的方式实时传送到监控中心或指定的位置，使值班人员或安保人员通过电视屏幕能够实时了解掌握各个重要场合的情况，从而不仅大大提高了安保力度，还解放了不少人力。另外，视频监控系统除了实时监视之外，还能根据设定进行录像、记录现场的情况，以备日后回放录像做取证分析用。

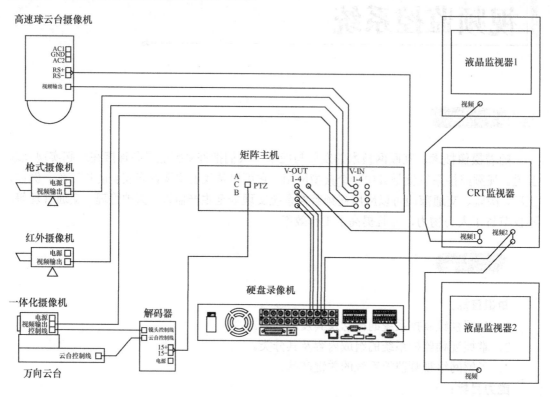

图 2-1　视频监控系统的组成框图

如果要设计一套科学合理的视频监控系统，首先需要认识和了解系统的基本功能、组成、特点以及原理等知识，熟悉常用视频监控设备的特点和适用环境，为后面结合用户的需求和具体的应用环境来设计、安装与调试视频监控系统做好准备。具体的任务步骤如下：

1．了解视频监控系统发展与趋势。

2．认识常见视频监控系统的分类。

3．认识网络视频监控系统的关键产品。

 认知体验

情景模拟：某小区各个出入口、电梯、各个楼层过道、地下停车场等重要场所，都安装了定点监控摄像机，在视频监控中心有视频监视墙可以看到各个摄像头通过网络传递过来的视频图像，并通过硬盘录像机把监视的画面记录下来。管理人员可登录系统随时查看系统的监视画面，并随时调看各个不同时间点与不同地点的录像画面。

认知准备

连接有多个摄像机、硬盘录像机、操作控制键盘、多画面监视器的视频监控系统，系统能够正常工作，且可通过视频监控中心将系统接入网络，并实现远程监控。

认知步骤

认知步骤如图 2-2 所示。

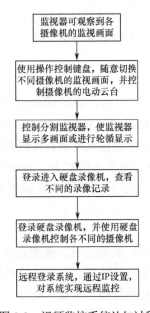

图 2-2 视频监控系统认知过程

讨论思考

1．你在生活中有用视频监控找回丢失的钱包或手机的经历吗？请你与大家分享一下。
2．视频监控系统都是由哪些设备组成的？你能列举出一些常见产品吗？

学习任务一 视频监控系统的发展趋势

知识解析

随着计算机多媒体技术、编码压缩技术、网络传输技术、存储技术等与视频监控的不断融合，视频监控的发展经历了模拟视频监控、数字视频监控、网络视频监控、高清视频监控的演进，产品的功能、形态和视频监控的组成架构等各方面都发生了巨大的变化。

按照国内视频监控技术的发展状况，大致可以将视频监控的发展划分为 4 个阶段。

1．模拟视频监控

模拟视频监控开始于 20 世纪 70 年代，该阶段主要利用模拟摄像机进行视频信号采集，通过同轴电缆将视频信号传输到矩阵主机或显示与记录设备。在模拟视频监控系统中，以模拟矩阵、模拟键盘为主的切换控制设备是整个系统的核心，而显示与录像设备则多采用监视器和磁带式录像机（VCR，Video Cassette Recorder）。

2．数字视频监控

数字视频监控开始于 20 世纪 90 年代末期，该阶段主要利用视频压缩板卡将模拟摄像机采集的模拟信号进行模数转换、编码、压缩，同时利用 PC 进行本地存储。该阶段的硬盘录像机采用 PC 式架构，主要实现了模拟信号数字化和视频编码、压缩、存储功能，在网络传输、软件应用、矩阵控制等方面的功能并不十分完善，因此在实际项目应用中，通常与模拟矩阵配合使用。

3．网络视频监控

网络视频监控开始于 2005 年前后，该阶段初期主要利用嵌入式网络硬盘录像机（E-DVR，Embedded Digital Video Recorder）或嵌入式视频服务器（DVS，Digital Video Server）将模拟信号进行数字化、编码、压缩后接入网络，实现联网视频监控。随着平安城市建设的不断深入、金融行业视频监控规模的不断扩大，视频监控的联网需求日渐明显，对视频监控网络化的发展产生了积极的影响。目前，我国视频监控行业已基本实现网络视频监控。

4．高清视频监控

随着联网监控作为一种基本应用被满足后，渴望看清人脸、车牌等细节特征的需求使得用户的注意力转移到了视频清晰度的提升上，高清视频监控开始崭露头角，应运而生。

但要实现真正意义上的高清视频监控，采集、传输、存储、解码、显示、控制各个环节都有严格要求，缺一不可。目前我国的视频监控行业尚处于高清视频监控的起步阶段，高清这个趋势仍将持续很长一段时间。

任务回顾

本任务从了解视频监控系统在现实生活中起到的作用开始，逐步引出视频监控系统的相关概念，并了解视频监控系统的发展与趋势。按照国内视频监控技术的发展状况，大致可以将视频监控的发展划分为模拟视频监控、数字视频监控、网络视频监控、高清视频监控 4 个阶段。

自我检测

一、填空题

1．视频监控系统是运用了先进的_____、_____、通信技术和计算机技术，探测、监视设防区域并实时显示、记录现场图像的。

2．视频监控系统可以分为三大组成部分，分别是前段数据采集部分、中间_____
_____、终端_____。

3．按照国内视频监控技术的发展状况，将视频监控的发展划分为 4 个阶段：分别是_____、_____、_____、_____。

4．如今在_____、_____、_____、_____等的建设方面，视频监控系统都是最为核心的组成部分之一。

5．要实现真正意义上的高清视频监控，_____、_____、存储、解码、_____、_____各个环节都有严格要求，缺一不可。

二、选择题

1．采用监视器和磁带式录像机（VCR）设备的是（   ）系统。
    A．模拟视频监控   B．网络视频监控
    C．数字视频监控   D．高清视频监控

2．（   ）系统利用视频压缩板卡视频模拟信号进行模数转换、编码、压缩。
    A．模拟视频监控   B．网络视频监控
    C．数字视频监控   D．高清视频监控

3．（   ）系统用嵌入式网络硬盘录像机将模拟信号进行数字化、编码、压缩。
    A．模拟视频监控   B．网络视频监控
    C．数字视频监控   D．高清视频监控

三、简答题

1．简述视频监控系统的概念。

2．目前我国视频监控的发展状况如何？

3．试举例说明视频监控系统的实际应用。

4．画出视频监控系统的组成框图，并说明个组成部分的功能和作用。

学习任务二　常见视频监控系统的分类

 知识解析

按照视频监控系统发展阶段，可将视频监控系统分为模拟视频监控、数字视频监控、网络视频监控、高清视频监控 4 大类。

1．模拟视频监控系统

模拟视频监控系统又称闭路电视监控系统（CCTV，Closed Circuit Television），它由模拟摄像机、视频分配器、模拟矩阵、控制键盘和磁带式录像机（VCR）等组成，可以

实现监视、录像、回放等基本功能，主要采用同轴电缆（75Ω，1.0Vp-p）进行复合视频广播信号（CVBS，Composite Video Broadcast Signal）的传输。模拟视频监控系统架构如图 2-3 所示。

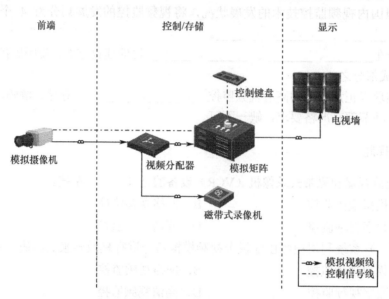

图 2-3 模拟视频监控系统架构

模拟摄像机的工作原理是：被摄物体反射的光线传播到镜头后，经镜头聚焦到 CCD 芯片上，CCD 根据光的强弱积聚相应的电荷，各个像素累积的电荷在时钟信号的控制下逐点外移，经滤波、放大处理后，再在 DSP 中将通过 AGC 放大和模数转化后的图像信号进行处理，实现各种功能（如自动曝光、白平衡控制等），最后形成复合视频广播信号输出，简称视频信号。模拟摄像机原理如图 2-4 所示。

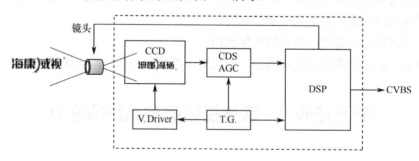

图 2-4 模拟摄像机原理图

模拟摄像机的核心部件是 CCD（Charge Couple Device，电荷耦合器件），它能够将光信号转变成电信号，并将电荷进行存储及转移，也可将存储的电荷取出，使电压发生变化。

模拟视频监控实现了视频监控从无到有的突破，具有重要的历史意义。模拟视频监控系统的核心是切换控制设备，切换控制设备主要包括模拟矩阵、键盘等。通过模拟矩阵和键盘可以实现对视频信号的切换及对前端设备的控制，并将视频信号送到磁带录像机（VCR）或长延时录像机中进行存储。在模拟视频监控系统中，一般采用同轴电缆进行传输。

模拟视频监控系统在视频信号的采集、传输、显示过程中均采用 CVBS 的形式，控制延时短，图像预览效果较好。

DSP 是 Digital Signal Processor 的缩写，也就是数字信号处理器，CCD 采集的模拟信号，经 DSP 的 Decoder（A/D Converter，模数转换器），把模拟信号转换成数字信号，再做运算（颜色、亮度、白平衡……），再经过 DSP 的 Encoder（数字转模拟），输出视频信号。

模拟视频监控的局限性随着模拟视频监控规模的不断增大慢慢地浮出水面，主要表现在以下几个方面：

（1）磁带录像机存储介质容量有限，只能通过频繁更换磁带的方式延长视频信号的存储周期。

（2）录像质量与复制次数有关，复制次数越多，录像质量越差。

（3）管理不方便，录像带不易保存，容易出现丢失、被盗或无意中被擦除的情况。

（4）同轴电缆不适宜远距离传输，模拟视频监控主要应用于小范围内的视频监控，监控图像一般也只能在控制中心查看，扩展性较差。

（5）采用单工工作模式，录像和回放不能同时进行。

（6）无网络功能，只能以点对点的方式实现视频监控。

2．数字视频监控系统

数字视频监控系统主要由模拟摄像机、PC 式硬盘录像机、显示器等组成，可以实现监视（监听）、录像、回放、报警联动、语音对讲、实时控制等基本功能。

PC 式硬盘录像机（PC-DVR，PC-Digital Video Recorder）除能实现前端模拟信号的数模转换、编码、压缩外，还能实现压缩数据的本地存储，信号传输介质仍是同轴电缆（75Ω，1.0Vp-p）。数字视频监控系统架构如图 2-5 所示。

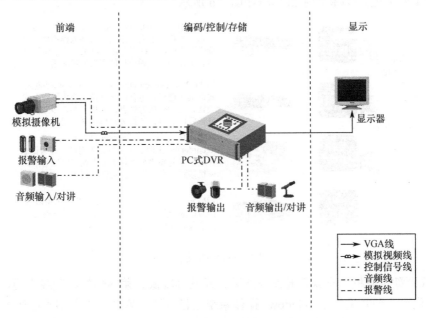

图 2-5 数字视频监控系统架构

数字视频监控相对于模拟视频监控而言，最显著的区别就是数字视频监控采用了硬盘作为存储介质。在这种实现方式中，硬盘录像机完全取代了原来的模拟磁带录像机，相对于模拟磁带录像机，PC 式硬盘录像机有很多好处，突出的有：

（1）实现信号数字化存储，录像资料存储时间长。

（2）支持多路图像同时记录。

（3）大容量硬盘存储，无须额外空间，转存光盘后可长期保存。

（4）采用随机智能检索，检索速度快，记录与检索可同时进行。

PC 式硬盘录像机的出现给视频监控的发展带来了新的契机，吸引人们更多地关注到视频监控这个行业，视频监控的触角开始逐渐伸入到各行各业。数字视频监控发展到后期，联网需求十分迫切。若将较远区域的视频采集设备接入监控中心，需要铺设大量模拟光纤，势必造成建设成本的大幅度增加；视频资源分散且独立，难以进行充分整合利用，无法实现全局共享，不便于进行统一管理；整个系统容错能力差、可靠性低。总而言之，在监控能力、扩展性、可管理性等方面数字视频监控已经无法满足用户日益增长的需求。

3．网络视频监控系统

从 2003 年开始，公安部在全国范围内展开了由政府投入，公安机关建设、应用、管理的针对社会层面的安全防范报警监控系统建设，也就是我们熟知的"平安城市"的前身。平安城市项目、金融行业联网监控项目以及运营商自建的系统级视频监控平台，推动了网络视频监控的发展，应用领域逐渐遍及交通、电力、教育、能源、司法等诸多行业。

网络视频监控又称 IP 监控，是将压缩后的视音频信号、控制信号通过各种有线、无线网络进行传输。只要网络可以到达的地方，就可以实现远程的视频监控，并且网络视频监控还可以与门禁系统、报警系统等其他类型的系统进行融合，使更多功能的实现成为可能。

嵌入式硬盘录像机（E-DVR，Embedded-Digital Video Recorder）在网络视频监控系统中扮演着重要角色。DVR 的发展历程如图 2-6 所示。

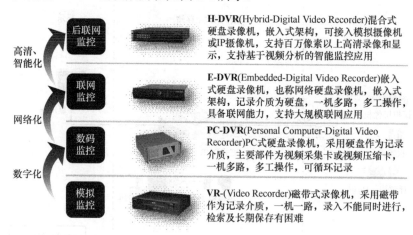

图 2-6　DVR 的发展历程

PC 式硬盘录像机具有软件开发周期短、开发难度低、兼容性好、升级方便、易扩展、易操作等优点，但其采用的 Windows 操作系统在稳定性、安全性方面却不尽如人意。

嵌入式硬盘录像机作为一种专用设备，采用 ARM 加视频处理芯片的架构，选用

Linux 或 VxWorks 嵌入式操作系统，具有性能稳定、维护方便等优点，可保证设备长时间可靠运行。

不论是 PC 式硬盘录像机还是嵌入式硬盘录像机，实际上都是一个计算机系统，它们只是 DVR 的不同产品形态。关于嵌入式系统暂没有统一的定义，但说法大同小异。IEEE（国际电气和电子工程师协会）认为"用于控制、监视或者辅助操作机器和设备的装置"（原文为 Devices used to control，monitor or assist the operation of equipment，machinery or plants）即嵌入式系统；而国内普遍认为嵌入式系统定义为：以应用为中心，以计算机技术为基础，软硬件可裁剪，适合应用系统对功能、可靠性、成本、体积、功耗等严格要求的专用计算机系统。我们可以简单地将嵌入式系统理解为一种专用的计算机系统。

网络视频监控按照监控规模大小和网络架构又可以细分为以下几种方式。

（1）基础型监控。

① 模拟接入方式的标清监控。

② 模拟接入方式的高清监控。

（2）模数混合型监控。

① 模拟接入方式的模数混合型监控。

② 数字接入方式的模数混合型监控。

（3）数字型监控。

① 模拟接入方式的数字型监控。

② 数字接入方式的数字型监控。

③ 模拟数字共同接入方式的数字型监控。

④ 全 IP 接入方式的数字型监控。

其中，全 IP 接入方式的数字型监控系统指的是视频信号从采集、传输到存储的过程全部采用数字化的形式。全 IP 监控中前端设备中将不再出现模拟摄像机的身影，取而代之的是网络摄像机。网络摄像机直接通过网线或网络光端机接入到网络中，并通过网络将数据存储到 NVR 或磁盘阵列（NAS/IP SAN）中，客户端可以通过读取 NVR 或磁盘阵列上的数据进行预览回放等操作。与此同时，网络摄像机还可以直接接入管理平台，通过远程进行视频监控。

全 IP 接入方式的数字型监控系统架构如图 2-7 所示。

4．高清视频监控系统

在市场和技术的双重推动下，高清视频监控逐渐走进人们视野。在本章中将对目前常用的 4 种高清监控架构进行介绍，分别是全 IP 接入方式的高清监控、全数字接入方式的高清监控、IP 数字共同接入方式的高清监控和混合视频大集成的高清监控。

（1）全 IP 接入方式的高清监控。

全 IP 接入方式的高清监控是目前最为典型的应用模式之一。该架构下，视音频数据以 IP 包的形式在 IP 网络上进行传输。

前端：采用网络高清摄像机进行视频图像采集后编码压缩通过网络回传，并可将报警和声音等信号接入摄像机一并回传。

传输：数据传输通过以太网层连接。

存储：因为视频流全部为编码后的数字信号，可以通过 NVR、NAS 或 IP SAN 做存储。

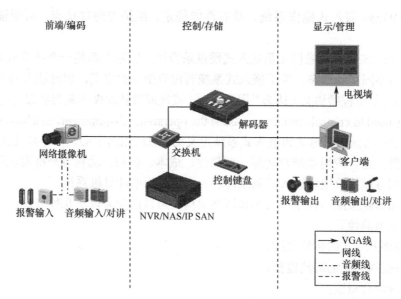

图 2-7　全 IP 接入方式的数字型监控系统架构

显示：通过解码器对前端视频源进行解码上墙显示，完成图像显示的轮巡、切换等操作。

控制：可通过键盘控制解码器或者前端球机、云台等设备完成相应操作。

管理：可通过客户端对所有的设备进行统一管理，并与报警、声音等信号进行联动。

高清全 IP 接入方式的数字型监控模式如图 2-8 所示。

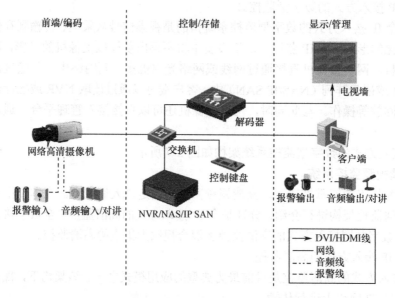

图 2-8　高清全 IP 接入方式的数字型监控模式

（2）全数字接入方式的高清监控。

一般来看，全数字接入方式的高清监控模式相对应用较少。

前端：摄像机传输的信号是从图像传感器上采集到未经压缩的裸数据，在图像细节、色彩还原、控制延迟等方面比网络摄像机有优势，但成本较高。

传输：数据传输一般通过 HD-SDI 或者光线传输，因 HD-SDI 传输最大距离为 100 米，若要进行远距离传输则需采用光端机。

存储：因为传输回中心的视频流是未经压缩的数据，容量很大，需要经过高清编码器压缩后才可以通过 NVR、NAS 或 IP SAN 进行存储。

显示：传输回中心的视频流可通过视频分配器分离出一路视频上数字矩阵，数字矩阵可对 HD-SDI 信号和光线信号等直接进行切换上墙显示，也可以完成图像显示的轮巡、切换等操作，但是数字矩阵成本较高。

控制：可通过键盘控制数字矩阵或者前端球机、云台等设备完成相应操作。

管理：可通过客户端对所有的设备进行统一管理，并与报警、声音等信号进行联动。

高清全数字接入方式的数字型监控模式如图 2-9 所示。

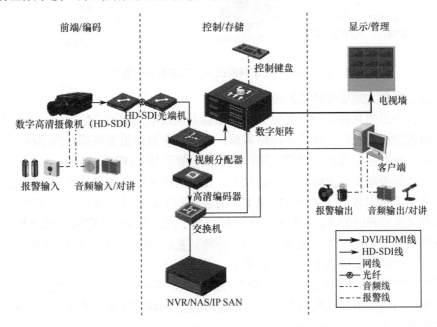

图 2-9　高清全数字接入方式的数字型监控模式

（3）IP 数字共同接入方式的高清监控。

IP 数字共同接入方式的高清监控模式相对应用较少。

前端：前端会有两种摄像机，一种是网络摄像机，另一种是数字摄像机。

传输：网络摄像机通过以太网层层传输，数字摄像机通过光纤传输。

存储：网络摄像机视频可直接存储，数字摄像机需要经过高清编码器压缩后才可以通过 NVR、NAS 或 IP SAN 进行存储。

显示：数字矩阵可对 HD-SDI 信号和光线信号等直接进行切换上墙显示，IP 信号需通过解码器转换为高清信号后再接入数字矩阵。

控制：可通过键盘控制数字矩阵或者前端球机、云台等设备完成相应操作。

管理：可通过客户端对所有的设备进行统一管理，并与报警、声音等信号进行联动。

高清全数字接入方式的数字型监控模式如图 2-10 所示。

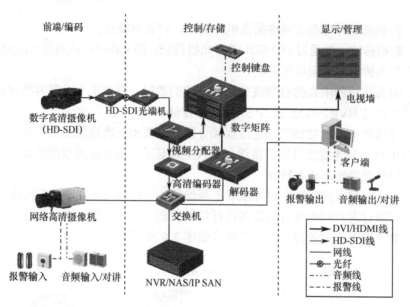

图 2-10 高清全数字共同接入方式的数字型监控模式

（4）混合视频大集成的高清监控。

通过前面介绍的几种高清监控模式，大家会发现随着监控规模的变大，视频路数的增多，现有的监控模式已经不能满足应用需求。同时，在目前很多模拟、网络标清、高清混合的系统中，会存在光端机、模拟矩阵、编码器、解码器、DVR、NVR、NAS、IPSAN、控制键盘、大屏控制器、大屏等繁多的设备，在机房里各种布线更是烦琐。大量的设备和布线不但增加了系统运行成本和维护成本，而且加剧了设备统一管理的工作量。正是基于降低成本和优化管理的需求，人们推出了视频综合平台，实现混合视频大集成的高清监控。

视频综合平台真正实现了视音频编码、矩阵切换、业务应用、存储、解码、大屏控制的大集成，可以轻松实现模拟前端、IP 前端、数字高清前端和混合前端等多种混合视频的接入，升级扩容简捷、系统改造方便、设备高度集成，系统达到电信级的稳定性和可靠性。既能完成对过去模拟矩阵系统的整合，也能完成对已有编码设备的整合，同时还能支持高清监控系统的接入。

任务回顾

本任务学习按照视频监控系统发展阶段，把视频监控系统分为模拟视频监控、数字视频监控、网络视频监控、高清视频监控 4 大类。并了解各类视频监控系统的特点和系统架构，以及摄像机、硬盘录像机等主要设备的工作原理、功能及其发展历程。

自我检测

一、填空题

1. 按照视频监控系统发展阶段，可将视频监控系统分为_____、数字视频监控、_____、_____4大类。

2. 模拟视频监控系统又称_____（CCTV），它由模拟摄像机、视频分配器、模拟矩阵、控制键盘和磁带录像机（VCR）等组成，主要采用_____进行复合视频广播信号的传输。

3. 数字视频监控相对于模拟视频监控而言，最显著的区别就是数字视频监控采用了_____作为存储介质。

4. 网络视频监控又称_____，是将_____后的_____控制信号通过各种有线、无线网络进行传输。

5. _____方式的高清监控是目前最为典型的应用模式之一。该架构下，视音频数据以_____的形式在IP网络上进行传输。

二、选择题

1. 模拟视频监控系统又称闭路电视监控系统，它的英文缩写是（　　）。

A. CCTV　　　　B. CATV　　　　C. BCTV　　　　D. ACTV

2. 根据硬盘录像机的发展状况，从低层次到高层次发展顺序正确的是（　　）。

A. VR、E-DVR、PC-DVR、H-DVR

B. VR、PC-DVR、E-DVR、H-DVR

C. PC-DVR、VR、E-DVR、H-DVR

D. VR、PC-DVR、H-DVR、E-DVR

3. 模拟摄像机的核心部件是电荷耦合器件，它的英文缩写是（　　）。

A. CBD　　　　B. CCD　　　　C. BBD　　　　D. DDC

4. 数字信号处理器的英文缩写是（　　）。

A. DSP　　　　B. PSD　　　　C. DPS　　　　D. SPD

三、简答题

1. 试说出4大类视频监控系统的特点和区别。

2. 简述模拟摄像机的工作原理，CCD（Charge Couple Device，电荷耦合器件）的作用以及DSP数字信号处理器的作用。

3. 简述视频监控系统中硬盘录像机的发展历程。

学习任务三　网络视频监控系统关键产品的认识

知识解析

网络视频监控系统是一个由采集、传输、存储、解码、显示、控制等诸多环节有机组成的完整系统。图像采集系统（摄像机）决定了整个系统的监控图像清晰度，传输系统要支持高清码流（信号）的传输，存储系统必须确保高清码流的高效存取，解码系统应支持高清图像的解码和输出，显示系统支持的最大分辨率必须不低于采集图像的分辨率，等等。因此，网络视频监控系统的逐渐发展，也带动视频监控系统各个环节进入了一个全新的升级阶段。

本任务通过认识信号采集设备、信号传输设备、存储设备、显示控制设备、管理软件，让大家全面了解网络视频监控系统的关键产品。

1．前端音视频数据采集设备

这部分设备包括摄像机、补光灯、云台、解码器、灯光、报警探头、支架、防护罩等等。可以根据不同的需要选择不同的设备，如银行柜员机系统只需选择摄像机、镜头及防护装置（室内一般不需要用防护罩）即可。该部分的器材选择原则是能够全方位清楚、真实地监视并反映现场情况。

摄像机是监控系统的眼睛，负责整个所监控范围内的图像采集。在过去，监控摄像机只是一个单一的视频捕捉设备，不具备数据保存功能；但随着技术的发展、人们使用的需求，市面上已经有很多摄像机可以使用 SD 卡进行数据存储，即摄像机不仅仅只是捕捉现场画面的设备，而且还可以进行现场录像存储。

图 2-11 所示是常见的安防监控摄像机外观图片。

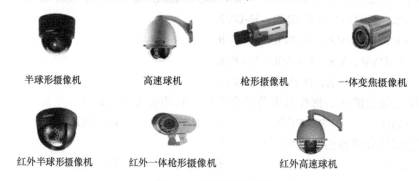

半球形摄像机　　　　高速球机　　　　枪形摄像机　　　一体变焦摄像机

红外半球形摄像机　　红外一体枪形摄像机　　　　红外高速球机

图 2-11　摄像机外观图

合适的摄像机是决定视频图像质量最重要的部分之一，而市面上的摄像机繁杂多样，懂得如何选择将变得非常重要。高清监控系统中的前端产品包括镜头、摄像机、支架和护罩等，选择摄像机时应当遵循一定的选型原则。主要有两种原则，第一种是根据形态选型，第二种是根据功能选型。

1）摄像机形态选型

产品形态包括产品结构、产品大小、产品的使用特性等因素。

（1）按照产品结构来分，高清摄像机主要有枪形摄像机、半球形摄像机、筒形摄像机和球形摄像机。枪机是指结构是长方体且需要外配镜头的摄像机，枪机多数需要配合护罩和支架安装。半球是指带有半圆透明罩的摄像机，形态小巧，半球多数可以吸顶安装，也可以选择带支架进行壁装、嵌入式装等其他安装方式。筒机是指结构是长筒形的摄像机，常见的筒机是带有红外灯、镜头、防护能力达到 IP66 的设备。球机是指带有半圆透明罩、一体化机芯和云台的摄像机，球机的外形会比半球稍大。另外，市场上还有卡片、针孔、飞碟等特殊结构的摄像机。

（2）按照产品大小来分，可分为常规型的摄像机和迷你型的摄像机。迷你型摄像机主要应用在需要隐蔽监控的环境中。

（3）按照产品的使用特性来分，枪机是需要护罩、支架配合使用的，在一些环境中还需要添加补光设备。筒机是带有护罩和红外灯的，部分筒机也带有一体化安装支架，筒机的工程施工更为方便。半球常用于室内吸顶或者壁装，较为美观。球机常用于监控大范围场景，可以实现画面的水平垂直方向转动，也可以通过机芯变倍实现画面放大，看清更多细节。室内摄像机如图 2-12 所示。

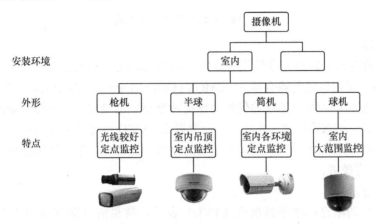

图 2-12　室内摄像机

室外摄像机如图 2-13 所示。

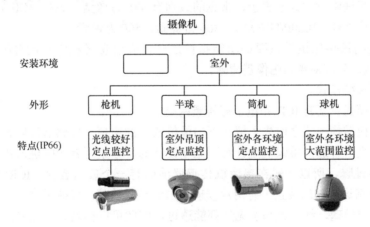

图 2-13　室外摄像机

2）摄像机功能选型

（1）传输信号。

模拟：模拟摄像机采用 BNC 同轴电缆传输，是目前最为广泛的应用方式，清晰度最高为 700TVL、750TVL；布线简便，操作容易。

网络：网络摄像机采用 RJ-45 网线传输，传输编码压缩的数字信号，清晰度按像素区分，最高可到 160 万像素；便于管理，可实现高清。

数字：数字摄像机可采用光纤和 HD-SDI 两种传输方式，传输非压缩的数字信号，视频常见为 720P 和 1080P；延迟小，还原度高，成本较高。摄像机信号传输方式如图 2-14 所示。

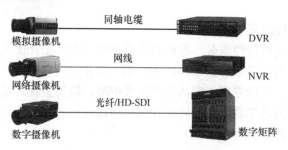

图 2-14 摄像机信号传输方式

（2）传感器。

传感器是将光信号转换为电信号的器件，主要分为 CCD 和 CMOS 两类，CCD（Charged Coupled Device）又叫做电荷耦合器件，CMOS（Complementary Metal Oxide Semiconductor）为互补金属氧化物半导体。CCD 的优势包括灵敏度高、信噪比高、成像质量好，CMOS 的优势包括成本低、动态范围宽、功耗低。一直以来，CCD 摄像机因其成像质量好一直占有高清摄像机的大部分市场，随着 CMOS 技术的突破，CMOS 摄像机的成像质量已经接近并开始超越 CCD 摄像机。

（3）清晰度。

模拟摄像机清晰度用水平解析度（TVL）表示，常见的级别有 420TVL、480TVL、540TVL、600TVL、650TVL、700TVL；600TVL 以下的图像建议采用 4CIF（704×576）编码，600TVL 以上的图像建议采用 WD1（960×576）编码存储。

网络摄像机清晰度用像素表示，常见的级别有 40 万像素（VGA/4CIF）、100 万像素（720P）、200 万像素（1080P/UXGA）、300 万像素、500 万像素。

分辨率是高清摄像机最重要的功能指标之一，高清摄像机常见的分辨率是 720P、1080P、UXGA，分辨率越高图像越清晰。

（4）日夜转换模式。

日夜转换模式主要有 ICR 和电子彩转黑两类。

在了解日夜转换模式之前先了解一下摄像机成像的原理，传感器可以感应的光线包括可见光和红外光，普通的摄像机是针对可见光设计的，如果两者同时进入传感器摄像机，图像在白天会过曝，所以一般在摄像机传感器前面有一个玻璃装置。ICR（IR Cut filter removable）是指这个玻璃装置上有两片玻璃，白天是蓝玻璃，只能透过可见光把红外光过滤掉，晚上是白玻璃，红外光和可见光都能透过，因此可以提高画面亮度，两片玻璃的切换是通过机械装置完成的，切换成白玻璃时采用黑白模式机制成像。

电子彩转黑表示这个玻璃装置上是一片玻璃，通过这块玻璃可以把红外光过滤掉，电子彩转黑只有彩色成像机制，可以看到的黑白图像只是过滤掉了画面中的色彩信息。

（5）背光补偿。

普通摄像机在逆光环境中会形成前景目标偏暗的画面，无法识别目标。目前主流的摄像机都具有背光补偿的功能，在逆光环境中通过对画面进行亮度补偿从而看清前景目标。

（6）宽动态。

背光补偿能够看清前景目标，但是会导致背景过曝；宽动态技术通过分别控制前景和背景的曝光时间，生成前后景都清晰的图像，以看清环境中的所有目标。

（7）低照度。

照度又称灵敏度，表明摄像机传感器的感光性能。普通摄像机获取清晰图像的照度要求是 0.1Lux，低照度摄像机的成像照度可达 0.01Lux。低照度指摄像机的图像传感器感光性能好，在光照较低的环境也能获得明亮的图像。

（8）数字降噪。

普通摄像机在光照较低的环境中画面噪点多，数字降噪技术可以去除画面中的噪点，得到平滑的图像。

（9）红外。

红外功能可分为主动式红外和被动式红外，主动式红外依靠外部的光源支持，利用摄像机的图像传感器可以感受红外光的光谱特性，既可以感受可见光，也可以感受红外光，从而实现夜视监控，本书所讲的红外摄像机都是主动式红外，被动式红外主要是热成像技术。通过外部红外光的支持，可以在夜间形成清晰的图像。红外的应用环境包括零光照、照明不足的环境。

（10）强光抑制。

普通摄像机在监控夜间道路时会因为汽车大灯光线过强导致画面过曝，无法看清车辆特征及车牌特征，强光抑制摄像机通过抑制车灯区域光线强度，看清车辆特征和车牌。

（11）防爆。

普通半球透明罩硬度有限，容易被坚硬物体损坏。防爆摄像机采用特殊材质透明罩，能有效抵抗坚硬物体敲击；枪机和筒机安装时有铝合金外壳，也具备防爆功能，如图 2-15 所示。

普通半球　　　　　　　　　　防爆半球

图 2-15　防爆摄像机

（12）自动光圈。

手动光圈或固定光圈摄像机在光线有明暗变化的环境中会造成图像过亮或过暗；自动光圈摄像机可以适应环境光线变化，自动调整通光量，获得曝光正常的图像；摄像机可选择自动光圈、手动光圈或固定光圈镜头，如图 2-16 所示。

手动光圈摄像机　　　　　　　　自动光圈摄像机

图 2-16　手动和自动光圈摄像机

（13）智能分析。

普通摄像机只能提供常规视频监控图像，事后取证查录像较为烦琐；行为分析摄像机通过设定智能分析规则，目标触发规则即报警，从而提高监控质量；智能分析常用于道路监控、周界防范、金融行业等高风险及对视频质量要求较高的环境。

（14）热成像。

普通摄像机通过可见光成像，受光照等环境限制；热成像摄像机通过红外热辐射成像，不受光照等环境限制，在识别伪装及隐蔽目标方面的效果明显。

热成像在大雾、眩光、强尘、零光照等环境下都有显著应用效果；广泛应用于森林防火、恶劣气候道路监控、机场港口监控、边防缉私、输油管道、电力枢纽、医疗卫生、人员搜救等领域。

（15）电子翻转。

普通球机具备机械翻转功能，垂直方向运动到 90° 时需要水平云台旋转一周后才能继续在垂直方向运动；电子翻转球机能够通过镜头镜像实现画面翻转，实现垂直方向 0°～180° 运动，大大提高了跟踪速率。电子翻转常用于需要快速监控的环境，如道路监控，如图 2-17 所示。

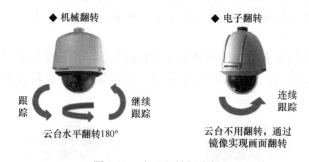

图 2-17　电子翻转摄像机

（16）协议自适应。

普通球机在被控制时需要球机预先设定好和控制主机匹配的通信协议，如果更换控制设备则球机需要重新设定通信协议；具备协议自适应功能的球机可以自动识别并匹配 PELCO-D、PELCO-P 和 HIKVISION 协议，无须人工设置，便于日常维护，如图 2-18 所示。

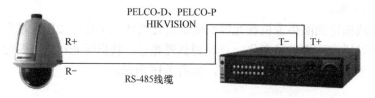

图 2-18　协议自适应示意图

（17）3D 定位。

普通球机在定位目标时需要通过控制云台按键进行镜头变倍和云台控制两步操作，监控效率较低；3D 定位球机可通过单击鼠标和滚轮即可实现快速锁定目标，适用于跟踪快速移动的物体。

（18）断电记忆。

球机上电时会进行云台转动自检，普通球机在断电重启后会因为球机自检转动到非目标监控区域，需要人工手动控制转动到目标区域；断电记忆球机在重启后自动回到开机前的状态，保证镜头倍率和云台方位不变，适用于无人操作的环境监控。

（19）自动跟踪。

普通球机只能提供常规视频监控图像，变倍移动等需要人工操作；自动跟踪球机通过设定自动跟踪规则，当目标触发规则时即实现球机镜头自动变倍和画面移动，保证监控目标始终出现在监控画面中，解决了人工控制的问题；自动跟踪常用于周界防范等人员较少但监控风险较高的环境，不适用于人员密集场所。

2．信号传输介质及其接口

1）信号传输介质

传输介质是将前端设备采集到的信息传送到控制设备及终端设备的传输通道。主要包括视频线、电源线和信号线、网络光端机。一般来说，视频信号采用同轴视频电缆传输，也可采用光纤、网络光端机微波、双绞线等介质传输，如图 2-19 所示。

信号线　　　　光纤跳线　　　　视频线

图 2-19　传输介质

（1）网络光端机。

随着网络高清摄像机的广泛使用，远距离传输网络视频信号成为主要的问题，网络光端机是用来传输网络视频信号的，其基本原理如图 2-20 所示。

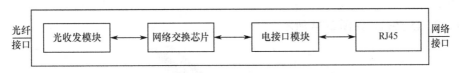

光纤接口　光收发模块 ←→ 网络交换芯片 ←→ 电接口模块 ←→ RJ45　网络接口

图 2-20　网络光端机原理图

网络光端机也分为发送和接收两部分，发送端用来实现将网络信号转换为光信号，发送到光纤上进行传输；接收端用来将光信号转化为网络信号，从而实现网络通信。网络光端机也称做光纤收发器。网络光端机产品实物如图 2-21 所示。

图 2-21　网络光端机实物图

（2）HD-SDI 光端机。

针对高清视频信号数据量大的特点，在传输高清视频时传统的数字非压缩视频光端机已经不能满足要求，现在主要采用的是数字信号的 HD-SDI/HD-HDMI 高清视频光端机和通过网络传输的网络视频光端机。HD-SDI 光端机的典型应用如图 2-22 所示。

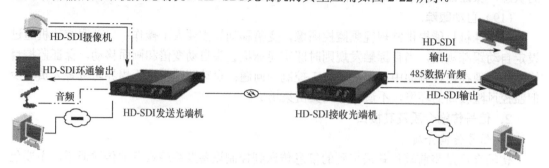

图 2-22　光端机典型应用

HD-SDI 光端机产品实物图如图 2-23 所示。

图 2-23　HD-SDI 光端机产品实物图

2）信号传输接口

根据传输介质的不同，对应的设备接口有 RJ-45、HD-SDI、光纤接口、VGA、DVI、HDMI 等。

（1）RJ-45 接口，如图 2-24 所示。

图 2-24　RJ-45 接口

RJ-45 插头是一种只能沿固定方向插入并自动防止脱落的塑料接头，俗称"水晶头"。双绞线的两端必须都安装这种 RJ-45 插头，以便插在高清网络摄像机等网络监控设备和交换机的 RJ-45 接口上，进行网络通信。

RJ-45 接头排线的顺序有两种不同的方法：一种是白橙、橙、白绿、蓝、白蓝、绿、白棕、棕，另一种是白绿、绿、白橙、蓝、白蓝、橙、白棕、棕，因此使用 RJ-45 接头的线也有两种，即直通线和交叉线。

目前，双绞线可分为非屏蔽双绞线（UTP=UNSHIELDED TWISTED PAIR）和屏蔽双绞线（STP=SHIELDED TWISTED PAIR）。屏蔽双绞线电缆的外层由铝铂包裹，以减小辐射，但并不能完全消除辐射。屏蔽双绞线价格相对较高，安装时要比非屏蔽双绞线电缆困难。

从网络高清摄像机到交换机的网线一般在 100m 以内，网线过长会引起网络信号衰减，沿路干扰增加，使传输数据容易出错，因而会造成预览视频卡顿、连接出错等情况。

（2）HD-SDI 接口，如图 2-25 所示。

图 2-25　HD-SDI 接口

HD-SDI 接口是从 SDI 接口发展而来的，SDI 接口是数字分量串行接口（Serial Digital Interface）的首字母缩写，HD-SDI 接口是指传输高清信号的数字分量串行接口。

在高清监控中，HD-SDI 摄像机输出 720P/1080P 规格的图像，从 HD-SDI 高清摄像机到传输或管理设备的距离一般在 100m 以内，距离过长会引起高清信号衰减，沿路干扰增加，使传输数据容易出错，所以这也是限制 HD-SDI 发展的一个主要因素。

（3）光纤接口，如图 2-26 所示。

图 2-26　光纤接口

光纤接口是用来连接光纤线缆的物理接口，其原理是利用光从光密介质进入光疏介质从而发生了全反射，通常有 SC、ST、FC、LC 等几种类型，它们由日本 NTT 公司开发。FC 是 Ferrule Connector 的缩写，其外部加强方式是采用金属套，紧固方式为螺丝扣。ST

接口通常用于10Base-F，SC接口通常用于100Base-FX。在实际施工中由于网线和视频线传输距离、传输带宽的自身限制，只能应用到传输距离比较近的视频监控网络中。而光纤由于传输距离远、传输带宽高、产品性价比高而成为组建大型视频监控网络首选的传输方式。

（4）VGA接口，如图2-27所示。

图2-27　VGA接口

VGA接口是计算机显示器上最主要的接口，从块头巨大的CRT显示器时代开始，VGA接口就被使用，并且一直沿用至今。

很多人觉得只有HDMI接口才能进行高清信号的传输，但这是一个大家很容易进入的误区，因为通过VGA的连接同样可以显示1080P的图像，其分辨率甚至可以达到更高，所以用它连接显示设备观看高清视频是没有问题的，而且虽然它是一种模拟接口，但是由于VGA将视频信号分解为R、G、B三原色和HV行场信号进行传输，所以在传输中的损耗还是相当小的。

（5）DVI接口，如图2-28所示。

图2-28　DVI接口

DVI即数字视频接口，是一种国际开放的接口标准，在PC、DVD、高清晰电视（HDTV）、高清晰投影仪等设备上具有广泛的应用。

DVI接口有3种类型5种规格，端子接口尺寸为39.5mm×15.13mm。

3大类包括DVI-Analog（DVI-A）接口、DVI-Digital（DVI-D）接口、DVI-Integrated（DVI-I）接口。

5种规格包括DVI-A（12+5）、单连接DVI-D（18+1）、双连接DVI-D（24+1）、单连接DVI-I（18+5）、双连接DVI-I（24+5）。

目前高清监控中解码设备与显示设备之间都可以通过DVI接口连接，接口插座一般均为DVI-I（24+5）格式。

（6）HDMI 接口，如图 2-29 所示。

图 2-29　HDMI 接口

HDMI 为高清晰度多媒体接口，是一种数字化视频/音频接口技术，是适合影像传输的专用型数字化接口，其可同时传送音频和影音信号，最高数据传输速度为 5Gbps。

与 DVI 相比，HDMI 接口的体积更小，DVI 的线缆长度不能超过 8m，否则将影响画面质量，而 HDMI 最远可传输 20m。目前高清监控中解码设备与显示设备之间都可以通过 HDMI 接口连接。一般情况下，各种高清设备主要硬件接口基本参数对比如表 2-1 所示。

表 2-1　高清设备主要硬件接口基本参数对比

	RJ-45	HD-SDI	光纤接口	VGA	DVI	HDMI
信号传输方式	压缩数字信号	无压缩数字信号	无压缩数字信号	无压缩模拟信号	无压缩数字信号	无压缩数字信号
同时音频传输	支持	支持	支持	不支持	不支持	支持
传输带宽	100Mbps	1.485Gbps	1.25Gbps	4Gbps	8Gbps	5Gbps
最远传输距离	100m	100m	80km	20m	8m	20m

3．控制存储部分的主要设备

控制与存储部分负责对摄像机及其辅助部件（如镜头、云台）的控制，并对图像、声音信号进行记录。主要设备有硬盘录像机、控制键盘、矩阵、KVM 切换器、视频分配器、客户端 PC 等。

1）硬盘录像机

硬盘录像机是监控系统中的记录部分，是一套进行图像存储处理的计算机系统，它可以记录图像和声音，简称 DVR。目前，硬盘录像机的技术发展比较完善，具有对图像、语音进行长时间录像、录音、远程监视和控制的功能。DVR 集合了录像机、视频切换器、画面分割器、云台镜头控制、报警控制、网络传输等多种功能于一身，用一台设备就能取代模拟监控系统一大堆设备的功能，而且在价格上也逐渐占有优势。DVR 采用的是数字记录技术，在图像处理、图像储存、检索、备份及网络传递、远程控制等方面也远远优于模拟监控设备，DVR 代表了电视监控系统的发展方向，是目前市面上电视监控系统的首选产品。DVR 实物图如图 2-30 所示。

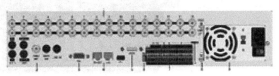

图 2-30　DVR 实物图

2）网络硬盘录像机

NVR，全称 Network Video Recorder，即网络视频录像机，是网络视频监控系统的存储转发部分，NVR 与视频编码器或网络摄像机协同工作，完成视频的录像、存储及转发功能。NVR 又可分为软件式 NVR 和硬件式 NVR，硬件式 NVR 又可分为 PC-NVR 和嵌入式 NVR，其中嵌入式 NVR 如图 2-31 所示。

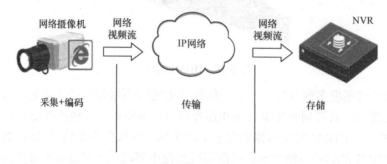

图 2-31　嵌入式 NVR 存储架构

嵌入式 NVR 产品实物图如图 2-32 所示。

图 2-32　NVR 产品实物图

3）矩阵与控制键盘

一般监控点数目比较少时，只需要用硬盘录像机就可以达到控制和储存的要求。但当监控点数目比较多时，例如几十个，甚至几百个，为了便于操作与控制，就需要配置控制键盘与矩阵，此举不但大大简化了控制操作，也简化了显示部分。

（1）矩阵主机。具有完备的矩阵切换能力，可以在任意监视器上显示任意摄像机的图像和监听与之对应的声音，而且这种控制可以通过手动操作和自动切换方式来实现，用户可使用一个功能完备、按人体工程学原理设计的键盘对系统进行操作和编程。产品实物图如图 2-33 所示。

图 2-33　矩阵主机实物图

（2）操作键盘。监控系统中，专为控制视频矩阵、一体化智能高速球、解码器和报警控制设计的产品。采用实键开关，确保操作自如、准确可靠。矩阵键盘控制通信 RS-485 接口，可控制前端云台的上、下、左、右转动，可控制摄像机的光圈，可控制镜头变倍、变焦。同时，还可以控制摄像机预置位设置/调用控制，控制矩阵实现各种切换等功能，产品实物图如图 2-34 所示

图 2-34　矩阵键盘实物图

4．终端数据监视监听设备

显示部分一般由几台或多台监视器组成。在摄像机数量不是很多、要求不是很高的情况下，一般直接将监视器接在硬盘录像机上即可。如果摄像机数量很多，并要求多台监视器对画面进行复杂的切换显示，则须配备"矩阵"来实现。专用监视器价格较贵，为了节省开支，也可用普通计算机显示器替代。目前，监控系统随着计算机发展水平的提高，已经由模拟系统向数字化系统转变，数字化系统在功能上较模拟系统完善，操作极其智能化和集中化等。多台监视器组成的电视墙如图 2-35 所示。

图 2-35　电视墙

5．视频综合平台

监控系统规模日益庞大，用户要求实现的功能也越来越多，整个监控系统结构也越来越复杂，有时候需要多种设备配合才能实现一种功能，但同时会产生这样一些问题：前期

施工难度大，安装调试时间长；组成复杂，使用设备多，节点多，出现故障的概率大；发生故障以后排查定位比较困难，所以安装困难、调试困难、维护困难这些问题始终伴随着用户，而综合平台的出现可以很大程度上缓解目前遇到的问题。使用综合平台不仅可以让系统更加简洁，也让安装调试、维护变得容易，并且良好的兼容性以及扩展性，使得综合平台可以用于无论是老系统的改造还是全新设计的系统。

视频综合平台是一种支持混合设备接入的监控设备，是高清/标清分辨率、网络/数字/模拟等多种视频信号上电视墙的专用一体化设备，采用模块化的设计，满足中大型监控系统的接入灵活、功能多样、可综合扩展等典型需求。视频综合平台系统应用如图 2-36 所示。

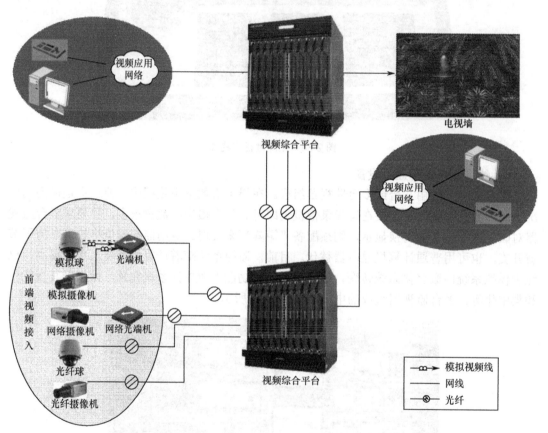

图 2-36　视频综合平台系统应用介绍图

6．平台软件

随着高清应用的逐渐发展，监控系统中采集、传输、存储、解码、显示、控制各环节的产品都有严格要求，需要具有良好的实时性、高度的稳定性和可靠性，这不仅是对硬件产品提出的要求，也是对软件产品的要求。随着高清监控的发展，软件管理平台已经越来越多地被人们所关注，用户的应用需求也在发生变化，人们希望在满足视频监控需求的同时，借助高清监控系统对日常业务进行整合，在管理平台上实现资源的统一调度，让高清技术更加高效、智能和便捷地服务于实战。客户端相对来说实现功能较为简易，稳定性能也一般，如果在系统中建设上千路的监控点，客户端就不能满足要求了，这时就需要建设平台管理软件。平台软件相对客户端而言系统更加稳定可靠，具备完善的系统管理、安全、数据更新与维护机制及信息分类与编码体系。

平台软件常见的有 C/S 和 B/S 两种架构。B/S 架构是通过 WEB 登录服务器，C/S 架构是通过软件平台的客户端登录服务器，如图 2-37 所示。

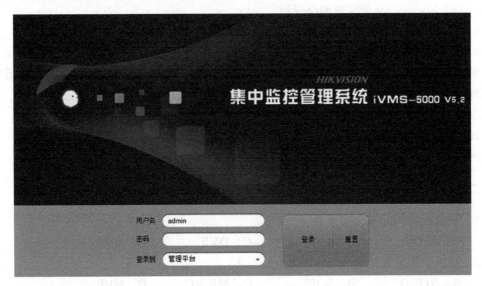

图 2-37　平台软件界面

任务回顾

本任务重点学习了信号采集设备、摄像机的选型原则、网络光端机等传输介质，以及系统的存储设备、控制设备、显示设备，并学习理解管理平台软件的工作原理和应用，从而全面了解网络视频监控系统的关键产品的功能与应用。

自我检测

一、填空题

1．网络视频监控系统是一个由_____、_____、_____、解码、显示、控制等诸多环节有机组成的完整系统。

2．选择摄像机时应当遵循一定的选型原则。主要有两种原则，第一种是_____；第二种是_____。

3．按照产品结构来分，高清摄像机主要有_____、_____、_____、和球形摄像机。

4．音视频传输信号有_____、_____、_____三种。

5．传感器是将_____转换为_____的器件，主要分为 CCD 和 CMOS 两类，CCD 又叫做_____，CMOS 又叫做_____。

6. 视频信号采用＿＿＿＿＿＿＿＿＿＿传输，也可用＿＿＿＿＿＿＿＿＿＿、网络光端机微波、双绞线等介质传输。

7. 网络光端机可分为＿＿＿＿＿＿＿＿＿＿和＿＿＿＿＿＿＿＿＿＿两部分，发送端用来实现将＿＿＿＿＿＿＿＿＿＿转换为＿＿＿＿＿＿＿＿＿＿，发送到光纤上进行传输，接收端用来将＿＿＿＿＿＿＿＿＿＿转化为＿＿＿＿＿＿＿＿＿＿，从而实现网络通信。

8. 高清设备主要硬件接口有＿＿＿＿＿＿＿、HD-SDI、光口、VGA、＿＿＿＿＿＿＿、＿＿＿＿＿＿＿。

9. 红外功能可分为＿＿＿＿＿红外和＿＿＿＿＿红外，＿＿＿＿＿红外依靠外部的光源支持，利用摄像机的图像传感器可以感受红外光的光谱特性，既可以感受可见光，也可以感受红外光，从而实现＿＿＿＿＿监控。本书所讲的红外摄像机都是＿＿＿＿＿红外，＿＿＿＿＿红外主要是热成像技术。通过外部红外光的支持，可以在夜间形成清晰的图像。

10. 随着高清监控的发展，视频监控软件管理平台已经越来越多地被人们所关注。平台软件常见的有＿＿＿＿＿和＿＿＿＿＿两种架构。

二、选择题

1. 硬盘录像机的英文缩写是（　　　）。
   A. VIDO　　　　B. AVR　　　　C. DVR　　　　D. NVR
2. 网络硬盘录像机的英文缩写是（　　　）。
   A. RORD　　　　B. SOFT　　　　C. MICRO　　　　D. NVR
3. 传感器是将光信号转换为电信号的器件，其中互补金属氧化物半导体的英文缩写是（　　　）。
   A. CBD　　　　B. CCD　　　　C. CMOS　　　　D. DDC
4. 网线过长会引起网络信号衰减，沿路干扰增加，使传输数据容易出错，因而会造成预览视频卡顿、连接出错等情况。从网络高清摄像机到交换机的网线一般在（　　　）以内。
   A. 50m　　　　B. 100m　　　　C. 150m　　　　D. 200m

三、简答题

1. 简述视频摄像机的分类有哪些，有哪些特殊功能应用，实际应用中应如何做出选择。
2. 视频监控系统中传输介质有哪些？其中光端机的作用是什么？
3. 简述 NVR 网络硬盘录像机的作用与特点。
4. 管理平台软件的作用是什么？有哪两种架构？

学习任务四　视频监控系统的安装与调试

操作学习任务

某学校的视频监控系统设计示意图如图 2-38 所示。

根据图 2-38，完成该视频监控系统的安装与调试工作。

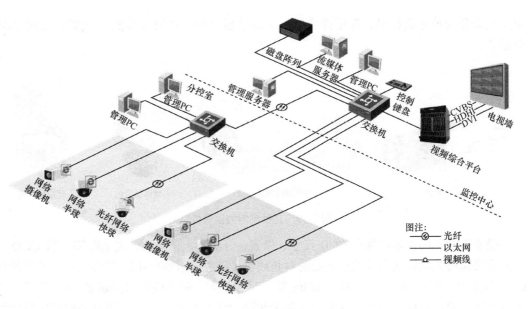

图 2-38　视频监控系统示意图

一、系统构成

系统的构成主要是由前端的摄像机图像信号采集，通过交换机与视频综合平台转换控制，最后在监控中心或分控室的终端实现远程监控与存储，在本系统中需要安装并进行调试的设备如表 2-2 所示。

表 2-2　系统安装设备

安 装 设 备	数 　量	安 装 位 置
网络摄像机	2 个	室内或室外指定位置
网络半球	2 个	室内或室外指定位置
网络快球	2 个	室内或室外指定位置
模拟摄像机	1 个	室内或室外指定位置
模拟半球	1 个	室内或室外指定位置
模拟快球	1 个	室内或室外指定位置
网络硬盘录像机	1 个	监控中心
视频综合平台	1 个	监控中心

二、知识解析

1. 认识摄像机

摄像机是视频监控系统的输入设备，它通过光电转换，能把监控区域的场景转化为电信号，再通过传输部分传送至控制中心。摄像机按照不同的分类方法，可以有很多种类。在实际项目应用中，最常见的分类方式主要依靠外观来区分。目前，主流的摄像机形态主要分为枪形摄像机、筒形摄像机、半球形摄像机和球形摄像机 4 大类，如图 2-39 所示。

枪形摄像机　　　　筒形摄像机　　　　半球形摄像机　　　球形摄像机

图 2-39　几种典型的摄像机

摄像机常见的技术参数有 CCD 尺寸、像素、分辨率、信噪比、灵敏度等。① CCD 尺寸是指摄像机光电转换器件的感光面的对角线长（参考显示器尺寸），市面上常见的摄像机 CCD 尺寸有 1/2in（英寸）、1/3in、2/3in 等，尺寸越大，对光线敏感性越强；② 像素决定了显示图像的清晰程度，像素越大，图像越清晰；③ 分辨率表示摄像机分辨图像细节的能力；④ 信噪比即信号电压与噪声电压的比值，信噪比越高，干扰对图像显示影响越小；⑤ 灵敏度即摄像机正常显示时需要的最暗光线。

1）防护罩介绍

防护罩是用来保护摄像机、保证其正常工作、延长其工作寿命的辅助设备。常见的防护罩主要分为室内和室外两种。很多时候，由于摄像机安装在室外，为防止外界恶劣的环境、人力破坏等因素影响摄像机正常工作，防护罩就显得必不可少，常见的防护罩如图 2-40 所示。

室内防护罩　　　　　　　　　　　　室外防护罩

图 2-40　摄像机防护罩

2）云台介绍

云台是用来固定、承载摄像机的支撑平台，固定云台常适用于监控范围较小的场合，电动云台则可以水平、垂直方向转动，适合监控大范围的场合或对监控目标的快速定位，云台的转动由控制部分发出的信号来操控。目前，市面上多为一体机化云台摄像机，常见外形如图 2-41 所示。

3）解码器介绍

解码器常用来对摄像机、云台、镜头进行控制，控制信号经传输送至解码器进行译码，驱动摄像机、云台、镜头完成相应的动作，现市面上大多数一体化摄像机都内置解码器。常见的解码器如图 2-42 所示。

图 2-41 电动云台

图 2-42 常见的解码器

2. 认识 NVR

NVR 全称 Network Video Recorder，是网络视频监控系统的存储转发部分。视频监控系统把摄像机采集到的数据，通过 IP 码流的形式传输到 NVR 上，由 NVR 将数据进行存储、管理和转发。在连接网络的情况下，还可以通过注册动态域名等方式，达到远程监控的目的。

NVR 实物图如图 2-43 所示。

图 2-43 NVR 实物图

NVR 除了可以在本机直接进行本地登录操控监控系统外，还可以通过管理软件远程登录操控监控系统，但必须安装 IE 控件或网络视频监控软件方可。详细内容将在"4.管理软件认知"部分进行介绍。

在使用任何 NVR 之前，需要先对设备的外观有一个基本认知。这里以海康威视 DS-8600N-E8 系列产品为例，设备的前面板如图 2-44 所示，前面板上各部分功能说明如表 2-3 所示。

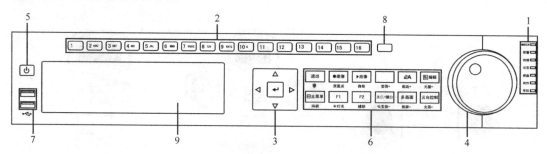

图 2-44　DS-8600N-E8 系列前面板示意图

表 2-3　DS-8600N-E8 系列前面板功能说明

序号	名　称	功　能　说　明
1	报警	有开关量报警发生时呈红色常亮
	就绪	正常运行状态下呈蓝色常亮
	状态	• 遥控器控制状态呈蓝色常亮 • 键盘控制状态呈红色常亮 • 遥控器与键盘同时控制状态呈紫色常亮 • 其他状态不亮
	硬盘	硬盘正在读写时呈红色并闪烁
	MODEM	预留
	网传	网络连接正常时呈蓝色，并闪烁
	布防	布防后蓝色常亮，撤防后灯灭，通过长按退出键3s可进行布撤防切换
2	数字键	• 预览或云台控制状态下，用来选择显示的通道画面，显示的通道画面与所按数字键对应 • 在字符编辑状态下，用来输入数字及字符 • 全天回放状态下，可进行通道选择 • 蓝色表示正在录像，红色表示正在网传，粉色表示既在录像又在网传
3	确认键（Enter）	• 菜单模式的确认操作 • 勾选复选框和 ON/OFF 的切换 • 回放状态下，表示开始/暂停播放。在单帧播放时表示帧进 • 自动轮巡预览状态下，可以暂停/恢复自动轮巡
	方向键	• 在菜单模式下，移动菜单设置项活动框，选择菜单设置项数据 • 回放状态下 　上【▲】对应回放菜单图标 ▶▶ ，表示加速播放 　下【▼】对应回放菜单图标 ◀◀ ，表示减速播放 　左【◀】对应回放菜单图标 ‹ ，表示上一个文件、上一个事件、上一标签或上一天 　右【▶】对应回放菜单图标 › ，表示下一个文件、下一个事件、下一标签或下一天 • 预览状态下，切换预览通道 • 云台控制状态下，控制云台转动
4	穿梭键	• 菜单模式时，外圈：左右移动菜单设置项活动框；内圈：上下移动菜单设置项活动框 • 回放状态下，外圈：顺时针旋转可加速播放，逆时针旋转可减速播放；内圈：顺时针旋转可向前跳 30s，逆时针旋转可向后跳 30s；复位按正常速度播放 • 预览状态下，切换预览通道 • 云台控制状态下，控制云台转动。外圈：左右转动；内圈：上下转动

序号	名 称	功 能 说 明
5	开关键/电源指示灯	开启/关闭 NVR
6	退出	• 返回到上级菜单 • 预览状态下，长按 3s 一键布撤防
	录像/预置点	• 手动录像快捷键，可直接进入手动录像操作界面，手动开启/停止录像 • 云台控制状态下，调用预置点 • 回放状态下，打开/关闭回放声音
	放像/自动	• 回放快捷键，可直接进入录像全天回放界面 • 云台控制状态下，可启动自动扫描
	变倍+	云台控制状态下，变倍控制
	A/焦距+	• 输入法（数字、英文、中文、符号）之间的切换 • 云台控制状态下，焦距控制
	编辑/光圈+	• 进入编辑状态 • 删除光标前的字符 • 云台控制状态下，光圈控制 • 回放状态下，开始/结束录像的剪辑 • 勾选复选框和 ON/OFF 的切换 • 进入或退出文件夹
	主菜单/雨刷	• 进入主菜单界面 • 长按 5s 按键启停 • 云台控制状态下，雨刷控制 • 回放状态下，显示/隐藏回放控制界面
	F1/灯光	• 列表全选 • 云台控制状态下，灯光控制 • 回放状态下，倒放和正放切换
	F2/辅助	• 菜单属性页切换键 • 在回放状态下，多画面回放时，切换回放画面
	主口/辅口/变倍-	• 主辅口输出切换控制 • 云台控制状态下，变倍控制
	多画面/焦距-	• 预览时多画面切换键 • 云台控制状态下，焦距控制
	云台控制/光圈	• 进入云台控制界面 • 云台控制状态下，光圈控制
7	USB 接口	可外接鼠标、U 盘、移动硬盘等设备
8	红外接收口	遥控器操作使用
9	内置刻录机	刻录机刻录备份使用（选配）

3．认识视频综合平台

视频综合平台是一款电信级机架式视频处理综合平台产品，硬件结构上参考 ATCA（Advanced Telecommunications Computing Architecture，高级电信计算架构）标准设计，支持模拟及数字视频信号的矩阵切换、视频图像行为分析、视频音频编解码、集中存储管理、网络实时预览等功能,是一款集图像处理、网络功能、日志管理、用户和权限管理、设备维护于一体的综合视频处理平台。

单台系统采用运营级 ATCA 机箱系统技术、国际标准的高速交换总线、无阻塞背板交换技术、视频编解码技术、视频智能行为分析技术、集中网络存储技术、视频图像处理技术、图像拼接融合技术等多项国内外先进技术,可以实现混合数字矩阵、高清矩阵、高清编解码、光平台、集中存储、大屏控制等功能。

海康威视各种不同的视频综合平台实物图如图 2-45~图 2-47 所示。

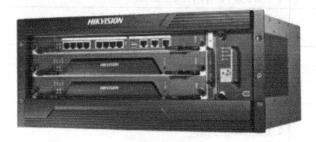

图 2-45　4U①综合平台

图 2-46　7U 综合平台

图 2-47　12U 综合平台

① U 为行业中的厚度单位,1U 为 4.445cm。

（1）视频综合平台的特点（见图2-48）。

图2-48　视频综合平台

① 功能模块化；

② 双交换技术；

③ 多业务接入能力；

④ 数字矩阵；

⑤ 稳定及安全；

⑥ 可扩展；

⑦ 集约化；

⑧ 高性能编解码。

（2）视频综合平台功能。

① 采用插拔式模块化、机架式设计，多台设备可以进行级联，快速实现多种视频监控业务的需求，视频综合平台前视图如图2-49所示，视频综合平台后视图如图2-50所示。

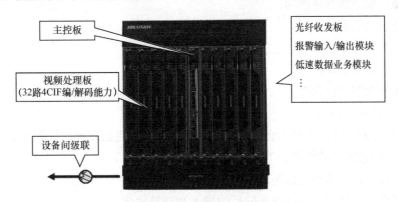

图2-49　综合平台前视图

② 双交换技术，确保大容量视频业务数据传输的效率。

当输入源为模拟接入和数字接入时，经过高速交换总线后直接输出，这样不仅能减少编码延迟和解码延迟，还减少了图像质量的损耗。

当输入源为网络接入时，首先进行解码，解码后的数据进入高速交换总线以后进行输出，所以综合平台可以实现混合视频源的输入和输出，如图2-51所示。

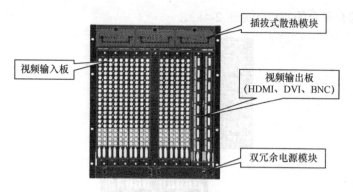

图 2-50　综合平台后视图

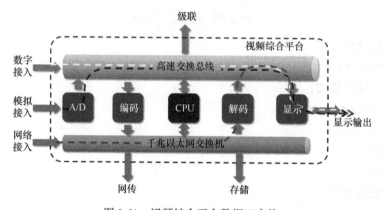

图 2-51　视频综合平台数据双交换

③ 多业务接入能力。

- 模拟、数字和网络前端；
- 标清、高清前端；
- 低速数据业务；
- 第三方编码设备；
- 接入到大型平台软件。

④ 完善的矩阵功能。

相比于传统的矩阵，视频综合平台的应用更广，功能更加完善，如图 2-52 所示。视频综合平台在应用系统中的特点如下：

- 支持高清、标清视频切换，输出分辨率高达 1080i；
- 支持模拟、数字、网络视频信号的接入和切换输出；
- 支持键盘控制切换（网络、RS-485、RS-232）。

⑤ 稳定且安全。

- 设计符合 ATCA 高级电信计算框架标准；
- 双电源冗余，智能风扇自动调温系统；
- 主控板支持热备份；
- 编解码板支持热插拔。

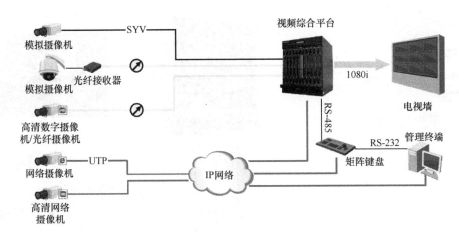

图 2-52　视频综合平台的典型应用系统

（3）视频综合平台的典型应用。

根据视频综合平台的特点，可以实现全模拟接入、全网络接入、全数字接入或者混合式接入，典型的系统应用拓扑图如图 2-53 所示。

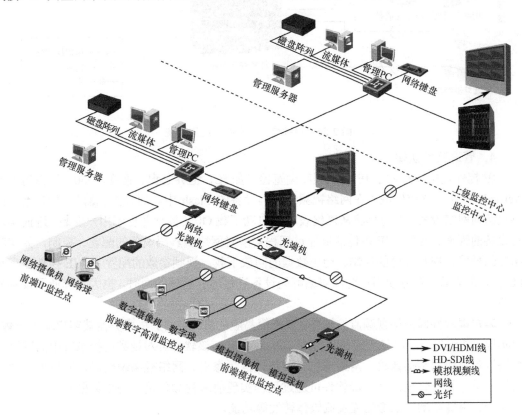

图 2-53　视频综合平台系统应用拓扑图

如果上级监控中心和监控中心网络隔离的情况下，可以使用光纤级联，实现视频被上级中心任意调看的功能，这样不仅可以减轻下级网络传输的压力，还能大大减少网络的延迟，其应用如图 2-54 所示。

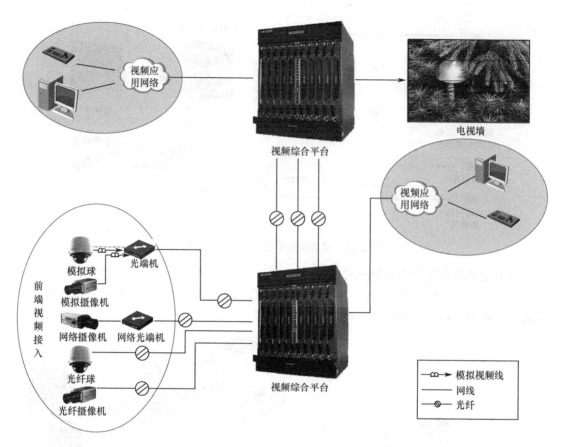

图 2-54　视频综合平台级联应用系统

4．管理软件认知

IE 控件是指支持基于 IE 内核程序浏览器（如 IE、世界之窗、搜狗、360、遨游等）的 ActiveX 控件，该控件嵌入在网络视频编解码设备的 Flash 中。通过浏览器使用 IP 地址的方式访问网络设备，浏览器将从网络设备中自动下载 OCX 控件并提示用户安装，进而实现对设备的管理、控制。IE 控件能够通过远程实现对网络编解码设备的配置、控制，如实时图像的预览、视频云台的控制、历史数据的回放下载、视频参数的配置等。IE 控件在远端 PC 实现的方式，在方便用户对网络编解码设备进行远程管理的同时，也大大降低了设备的负荷。

客户端软件即网络视频监控软件，属于简易版的管理软件，集服务器端客户端于一体，可实现单机运行，一般使用简易数据库（如 Access）。该软件可对视频监控系统中的网络编解码设备（如网络摄像机、网络球机、网络硬盘录像机、网络视频编码器、网络视频解码器等）进行统一管理，客户端软件可通过远程实现前端视频预览、历史数据回放下载、云台控制、报警联动、录像配置及流媒体转发等功能。

三、系统分析

通过以上对系统图的构成分析以及对各种设备的认识可知，系统中一组摄像机采集的图像信号通过交换机后，不仅传输到监控中心，同时还传输到分控室；另一组摄像机则直接传输到监控中心。两组信号进入监控中心主交换机后，再进行显示、存储、上传，同时信号经过视频综合平台在电视墙显示。另外，监控中心还可使用各种控制设备对摄像机进行远程控制。

系统安装与调试

一、系统安装

1. 摄像机的安装

1）摄像机安装位置的选择

前端摄像机是整个视频监控系统的原始信号源，主要负责各个监控点现场视频信号的采集，并将其传输给视频处理设备。前端监控的布点安装地点、监控目标不同，视频监控资源的重要性也不同。为了有效利用设备资源，工程实施单位应对已勘察前端点位进行基础开挖前的复查与核实，按重要程度的不同进行分类管理和配置。

一类点：指覆盖主要干道、要害部位、人流密集区域、案件多发地段等的摄像头。一类点建议安装在以下重点部位。

（1）容易发生群体性事件的重点敏感区域：市、县（市）区党政机关、电台电视台、金融单位、高等院校等的出入口及周边需要关注的关键部位。

（2）交通枢纽及主要交通干线沿线，包含两个部分：一是市际出入口，即市级治安关卡、机场、车站、码头出入口等公共场所出入口；二是区际出入口，即区级治安关卡、各县（市）区之间交界地带的街道、路口等。

（3）重要警卫目标、通信枢纽和内部重点部位。

（4）治安管理重点、难点区域和易发案区域：大型体育比赛、展览、文艺演出等活动的举办地点，案件高发的治安要点，各类重点专业市场，公共复杂场所，等等。

二类点：指覆盖次要干道、重点部位、治安要点、人员聚集地、案件易发地段等的摄像头。二类点主要安装在以下地段。

（1）乡际出入口防控：乡际治安卡点、各乡镇（街道）之间结合地带的道路、路口等。

（2）学校、工业园区及所属生活区的出入口、主要路段、公众使用区域等。

（3）市政公园、旅游景点、文化广场的出入口、主要路段、人流密集区等。

（4）大型商业区主要街道、人员密集区、重点建筑出入口、门前广场等人员密集区等。

（5）公交站台出入口、人行天桥、立交桥底、公路桥、过街隧道出入口等治安复杂场所。

（6）机动车辆路面集中停放点：集中停放的路段（小区、公园、医院、大型商场附近，以及运营货车夜间乱停放路段等）、咪表停车路段、露天停车场等。

（7）重点单位、重要场所：金融单位、旅业单位、娱乐场所、中小型体育场馆、文化场馆、工厂、油站、发电厂、自来水厂、水库、各类专业市场以及高层楼宇等消防重点单位的出入口及周边需要关注的关键部位等。

（8）其他需要监控的区域。对一般道路、治安盲点、偏僻地段、公用电话亭、街巷死角等区域，也可在已勘察前端点位的基础上调整、补充。

2）摄像机的安装步骤

虽然根据摄像机分类的不同，安装方式和布置线缆等会有所区别，但摄像机的安装流程基本都大同小异。简单的摄像机安装基本步骤如图 2-55 所示。

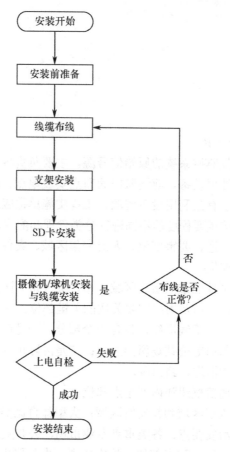

图 2-55　摄像机安装流程图

（1）安装前准备。

在摄像机安装前，请准备好安装可能需要使用的工具及线缆，包括符合规格的膨胀螺钉、电锤、电钻、扳手、螺丝刀、电笔、电源线、网线等。如果安装的是模拟摄像机，则将网线更换为 BNC 线和 RS485 线。

（2）线缆布线。

根据摄像机的安装环境和位置提前进行线路部署勘察、规划，以便给摄像机提供安全稳定的电源和线路。在规划布线前，建议先熟悉安装环境，包括接线距离、接线的环境、是否远离磁场干扰等因素；布线过程中，尽量避免断线连接，不要让电线过于冗余或者拉得过紧，特别要注意线路的加固和保护，尤其是电源线和信号线。

（3）支架安装。

市面上，摄像机品类繁多，根据安装环境等因素，安装方式也略有区别。目前，常见的安装方式包括壁装、吊装和吸顶装。此处仅以海康威视支架为例，简单介绍支架的安装步骤。

首先，检查安装环境，确认安装地点有容纳摄像机及其安装结构件的足够空间，确保安装摄像机的天花板、墙壁等的承受能力必须能支撑智能球及其安装结构件重量的 8 倍。

其次，检查支架及其配件（含螺帽平垫片及膨胀螺钉），支架及其配件如图 2-56 所示。

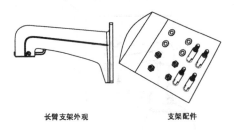

长臂支架外观   支架配件

图 2-56   支架及其配件

再次，打孔并安装膨胀螺钉。根据墙壁支架的孔位标记打 4 个 ϕ12 膨胀螺钉的孔，并将规格为 M8 的膨胀螺钉插入打好的孔内，如图 2-57 所示。

图 2-57   打孔并装入膨胀螺钉

最后，将支架固定线缆从支架内腔穿出后，将 4 颗配备的六角螺母垫上平垫圈后锁紧穿过壁装支架的膨胀螺钉。固定完毕后，表示支架安装完毕，如图 2-58 所示。

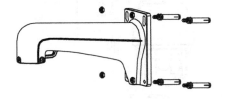

图 2-58   壁装支架

（4）摄像机安装。

首先，打开球机包装盒，取出球机，撕掉保护贴纸，如图 2-59 所示。

保护贴纸

图 2-59   撕掉保护贴纸

其次，将组装好的球机安全绳挂钩系于支架的挂耳上，连接各线缆，并将剩余的线缆拉入支架内，如图 2-60 所示。

安全绳

图 2-60　悬挂安全绳

再次，确认支架上的两颗锁紧螺钉处于非锁紧状态（锁紧螺钉没有在内槽内出现），将球机送入支架内槽，并向左（或者向右）旋转一定角度至牢固，如图 2-61 所示。

①
②

图 2-61　连接智能球

最后，连接好球机后，用 L 形内六角扳手拧紧两颗固定锁紧螺钉，如图 2-62 所示。

图 2-62　拧紧螺钉

3）摄像机安装的注意事项

（1）摄像机电源。

摄像机电源应做好防雷和防漏电措施，具备安全接地。摄像机使用之前应先确定使用电源的类型，以海康威视产品为例，红外筒机需配备 AC 24V 电源供电，高空云台为 AC24V 供电（电源与云台之间的导线长度应小于 2m），严禁使用 AC 110V、AC 220V 等不合要求的电源直接给云台供电。

（2）线径和传输距离。

近距离供电建议采用 RVV2×1.0 电源线，远距离供电则应使用 RVV2×1.5 以上规格。摄像机安装完毕后需上电，并在设备端测试负载电压及电流值，确保摄像机供电在正常波动范围内。

（3）摄像机防水。

室外用摄像机需采用室外防护罩或红外防水摄像机，防护等级在 IP66 以上，线缆需穿管密封，最好放于线槽内，线头不要剪掉。室外防护罩和防水红外摄像机外露线缆要呈"U"形，切勿呈直线，避免水通过线缆流入防护罩穿管密封内。

（4）衰减与干扰。

工程实施中，信号线尽可能一根电缆一贯到底，中间不留接头，因中间接头很容易改变接点处的阻抗，还会引入插入损耗，造成信号衰减。信号线和强电还需做好隔离措施，防止干扰。网线传输距离切勿超过 100m。

（5）摄像机角度。

摄像机应尽量安装在空旷、近处无遮挡的区域，并尽量避免将摄像机安装在光源附近或将摄像机朝逆光方向安装。固定摄像机的安装指向与监控目标形成的垂直夹角宜≤30°，与监控目标形成的水平夹角宜≤45°。

（6）整洁度。

摄像机安装过程中切勿用手触摸摄像机镜头和前盖玻璃。

（7）接地。

摄像机和电源都必须做接地处理，接地电阻要小于 4Ω。通常，如果摄像机安装在水泥柱或者水泥墙面上，则需要对摄像机进行就近接地；如果摄像机安装在金属杆上，且摄像机和金属杆导通良好，则可直接借助金属杆接地。

（8）防雷。

摄像机如果安装在室外，尤其是强雷暴地区或高感应电压地带（如高压变电站等），必须采取额外加装大功率防雷设备以及安装避雷针等措施做好防雷工作。

2．NVR 的安装

本书以海康威视 DS-8600N-E8 系列的网络硬盘录像机为例介绍 NVR 的安装。

1）清点设备及其附件

请根据包装箱内的"硬盘录像机装箱清单"进行清点，例如硬盘录像机、支架、螺钉、电源线、安装说明书等。初次安装时首先检查是否安装了硬盘，该机箱内可安装 1～8 个硬盘（容量没有限制），建议采用 7200 转及以上的高速硬盘。

2）硬盘容量的计算方法

用户在使用 NVR 之前，首先根据硬盘容量安装硬盘，然后安装 NVR 并将其他外围设备与 NVR 进行连接。因而，首先需要学会硬盘容量的计算方法。

录像文件大小计算公式：

一天录像文件大小（GBps）=码流（Kbps）÷8×3600×一天录像时间 hour（s）÷1024÷1024

根据录像要求（录像类型、录像资料保存时间）可以计算出一台 NVR 所需总容量。

例如：当位率类型设置为定码率时，根据不同的码流大小，每个通道每小时产生的文件大小如表 2-4 所示。

表 2-4 文件大小说明

码流大小（位率上限）	文件大小	码流大小（位率上限）	文件大小
96Kbps	42MB	128Kbps	56MB
160Kbps	70MB	192Kbps	84MB
224Kbps	98MB	256Kbps	112MB
320Kbps	140MB	384Kbps	168MB
448Kbps	196MB	512Kbps	225MB
640Kbps	281MB	768Kbps	337MB
896Kbps	393MB	1024Kbps	450MB
1280Kbps	562MB	1536Kbps	675MB
1792Kbps	787MB	2048Kbps	900MB
3072Kbps	1350MB	4096Kbps	1800MB
8192Kbps	3600MB		

3）硬盘安装方法及步骤

在硬盘安装过程中，需要提前准备好十字螺丝刀一把，以便于安装。详细的硬盘安装步骤如下。

（1）拧开机箱背部的螺钉，取下盖板，如图 2-63 所示。

图 2-63 取下盖板

（2）用螺钉将硬盘固定在硬盘支架上。如果将硬盘安装在下层支架，请先将上层硬盘支架卸掉，如图 2-64 所示。

图 2-64 卸掉上层硬盘支架

（3）将硬盘数据线一端连接在主板上，如图 2-65 所示。

图 2-65　将硬盘数据线一端连接在主板上

（4）将硬盘数据线的另一端连接在硬盘上，如图 2-66 所示。

图 2-66　将硬盘数据线的另一端连接在硬盘上

（5）将电源线连接在硬盘上，如图 2-67 所示。

图 2-67　将电源线连接在硬盘上

（6）盖好机箱盖板，并将盖板用螺钉固定，如图 2-68 所示。

图 2-68　装好机箱盖板

需要注意的是,在硬盘选购时应尽量选择硬盘生产厂商推荐的、适合 NVR 工作要求的硬盘,以满足长时间、大数据量的读写要求。在硬盘安装完成后,需要对硬盘进行格式化才能录像,否则系统会判断硬盘错并发出声音告警。

4)其他安装注意事项

NVR 是一种专用的监控设备,请在安装使用时注意以下事项:

- NVR 上不能放置盛有液体的容器(如水杯)。
- 将 NVR 安装在通风良好的位置。安装多台设备时,设备的间距最好大于 2cm。
- 使 NVR 工作在允许的温度(-10~+55℃)及湿度(10%~90%)范围内。
- 清洁设备时,请拔掉电源线,彻底切断电源。
- NVR 内电路板上的灰尘在受潮后会引起短路,请定期用软毛刷对电路板、接插件、机箱及机箱风扇进行除尘。如果污垢难以清除,可以使用水稀释后的中性清洁剂将污垢拭去,然后将其擦干。
- 清洁设备时请勿使用诸如酒精、苯或稀释剂等挥发性溶剂,请勿使用强烈的或带有研磨性的清洁剂,否则会损坏表面涂层。
- 请从正规渠道购买硬盘生产厂商推荐的 NVR 专用硬盘,以保证硬盘的品质和使用要求。
- 请确保不会因为机械负荷不均匀而造成危险。
- 请确保视频线缆、音频线缆有足够的安装空间,线缆弯曲半径应不小于 5 倍线缆外径。
- 请确保 NVR 可靠接地。

3. 视频综合平台的安装

1)视频综合平台的主要安装模块

视频综合平台的主要安装模块如图 2-69 所示。

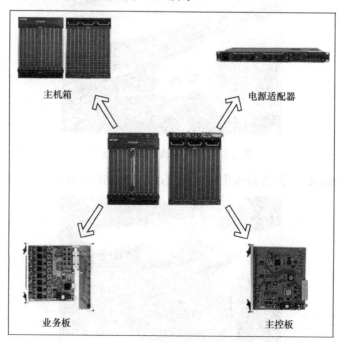

图 2-69　视频综合平台主要安装模块

其安装流程如图 2-70 所示。

图 2-70　综合平台安装流程

2）各模块的具体安装过程

（1）拆卸挡板。

首先要把机箱前、后挡板拆卸下来，用螺丝刀将①、③处挡板的黑色固定螺钉松开后，再将②、④处挡板取下，如图 2-71 所示。

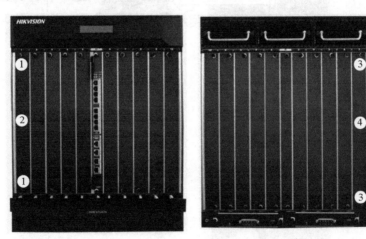

图 2-71　拆卸挡板

注意：主控板的后挡板无须拆卸。

（2）主控板安装。

主控板必须安装在槽位号为 "M" 的插槽内，详细位置如图 2-74 所示视频综合平台槽位图。主控板无后接口板，保留机箱上对应的后挡板即可。主控板的安装方法请参考业务板主板的安装方法。

（3）业务板后接口板的安装。

业务板安装时要先安装业务板后接口板，再安装对应的业务板主板，否则可能造成业

务板主板针脚弯曲或断裂。

以视音频输入板后接口板安装为例，沿插槽垂直插入机箱；完全插入后，分别拧紧上下的黑色固定螺钉，如图 2-72 所示。

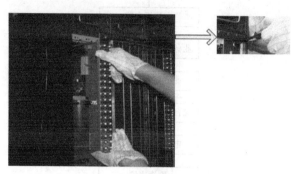

图 2-72　业务板后接口板的安装

（4）业务板主板的安装。

完成业务板后接口板的安装后，将与其对应的主板沿前面板相同槽位插槽垂直插入机箱，操作步骤如图 2-73 所示。业务板主板沿插槽垂直插入至图中 1 所示位置时，调节上下锁扣使其与对应的槽位卡口咬合；同时按下上下锁扣（见图中 2 所示位置），使主板充分插入机箱（见图中 3 所示位置）；拧紧黑色固定螺钉。

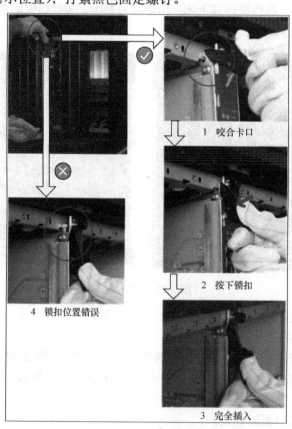

图 2-73　业务板主板的安装

注意：图中4所示为锁扣的错误操作，会导致主板无法充分插入机箱，不能正常工作！

一台12U的视频综合平台B10在满配的情况下，最多可安装10块业务板和1块主控板，各槽位编号如图2-74所示。其中，M槽位即主控板位置。

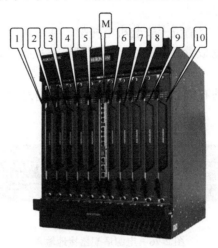

图2-74 视频综合平台槽位图

（5）综合平台的机械安装。

本书以12U的B10为例，该产品按照19英寸12U标准机架结构设计，尺寸为482.6mm（宽）×496.8mm（深）×532.6mm（高）。安装过程如下。

第1步：在机柜的一个空槽位上安装机柜托架（确保能承受视频综合平台的重量），并用螺钉将其固定。

第2步：将视频综合平台放置在托架上，并用螺钉将机架挂耳固定在机柜两侧的固定导槽上。

第3步：将视频综合平台的接地端与机柜实现可靠接地。视频综合平台的接地电阻要小于4Ω，视频综合平台的接地点位于主机箱后，位置如图2-75所示。

图2-75 视频综合平台的接地点

注意：为了保证人身安全和设备安全（防雷、防干扰等），必须将视频综合平台设备良好接地。

（6）电源适配器的安装与说明。

① 电源适配器机柜安装。

第1步：在机柜的一个空槽位上安装机柜托架，并用螺钉将其固定。

第2步：将电源适配器放置在托架上，并用螺钉将机架挂耳固定在机柜两侧的固定导槽上。

第3步：电源适配器的右侧挂耳处固定的 M6 螺钉同时作为接地输入，位置如图 2-76 所示。

图 2-76　电源适配器接地输入

注意：电源适配器通过机柜挂耳与机柜实现可靠接地，为保证电气连接一致性，挂耳与机柜的连接处不得做任何绝缘处理；市电电源的中性点在建筑物中要可靠接地。

② 电源接入。

视频综合平台使用 ATCA 标准的 DC-48V 电源输入（由电源适配器的直流输出提供），可以在电信标准供电模式下正常工作；另外，系统采用双电源冗余，保障视频综合平台的持续稳定运行。电源适配器与主机箱的各种电源输入端口如图 2-77 所示。其中左侧为电源适配器以及主机箱电源接口，右侧为电源适配器接线柱放大图。

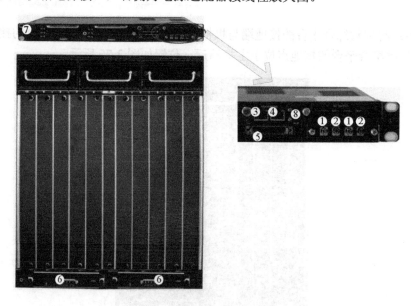

图 2-77　电源接入各端口

电源适配器与主机箱各端口的功能说明如表 2-5 所示。

表 2-5　电源适配器与主机箱电源接口说明

序号	接口及状态灯	功　　能
1	LOAD+/LOAD-	-48V 直流输出，为视频综合平台主机箱供电
2	BAT+/BAT-	电源适配器的外接蓄电池接口
3	RS232	电源适配器外部通信端口
4	RS485	电源适配器外部通信端口
5	DB50 对外信号接口	与传感器及其他外接设备互连接口
6	主机箱电源口	-48V 直流输入接口
7	AC INPUT	电源适配器交流插座，连接 220V 或 110V 交流电
8	指示灯	电源适配器的工作状态，具体说明请查看表 2-6

电源适配器指示灯说明如表 2-6 所示。

表 2-6　指示灯说明

标识	表示内容	颜色	说　　明
ALM	故障指示灯	红色	出现任一严重告警时亮，无严重告警时灭。告警量的告警级别可以通过电源适配器的后台进行设置
RUN	监控运行灯	绿色	1. 当电源适配器系统的监控模块工作时，运行灯为 1s 亮、1s 灭的状态； 2. 当电源适配器系统的监控模块硬件无故障，但未与上位机正常通信时，运行灯以 4Hz 的频率闪烁（与上位机连续 60s 未建立通信，判为通信失败）

视频综合平台采用双电源冗余，并提供两个电源接口。电源线的连接操作：电源线的一端与视频综合平台的电源适配器连接（见图 2-78），另一端连接主机箱的电源输入接口。

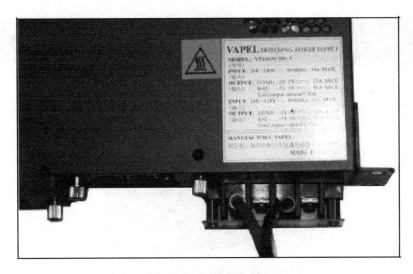

图 2-78　电源线的连接

注意：如果使用 110V 交流电源，必须使用 16A 的电源线及插座；48V 直流电源可对人体造成较大伤害，应注意用电安全；电源适配器与视频综合平台连接线的正负极不要接反，否则会烧坏视频综合平台的电源模块。

（7）线缆连接。

① 计算机与视频综合平台的连接：使用配置电缆（DB9-RJ45）分别连接 PC 的 COM 口和视频综合平台主控板的 RS-232 串行接口，如图 2-79 所示。

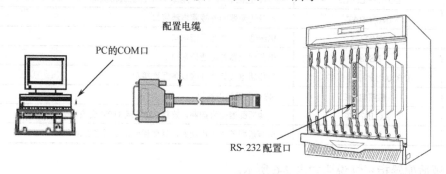

图 2-79　配置电缆连接示意图

② 连接视频综合平台的以太网口：先将以太网线的一端插入视频综合平台主控板的管理网口，另一端插入以太网设备中；再将以太网线的一端插入视频综合平台主控板的一个业务网口，另一端插入以太网设备中。

注意：若将两个或者两个以上的业务网口接入同一个交换机，需要将对应的交换机接口进行设置以免形成网络回路，如设置链路聚合；使用千兆网线确保数据的无阻塞高速传输。

③ 音频线缆的连接方法：视频综合平台有多种不同的视音频后接口板，如：

- DS-6532HF-B10 视音频输入后接口板的音频线连接：一块后接口板可以连接 2 根 DB26 的 1 转 16BNC 的音频输入线，连接位置如图 2-80 所示，对应线缆如图 2-81 所示。

图 2-80　视音频输入后接口板

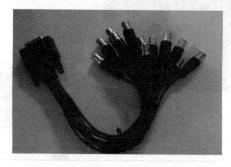

图 2-81　视音频输入后接口板对应线缆

- DS-6532D-B10D 以及 DS-6532D-B10H 视音频输出后接口板的音频线连接：一块后接口板可以连接 1 根 DB15 的 1 转 8BNC 的音频输出线，连接位置如图 2-82 所示，对应线缆如图 2-83 所示。

图 2-82 视音频输出后接口板

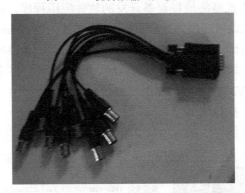

图 2-83 视音频输出后接口板对应线缆

以上两种音频线在视频综合平台后接口板上的连接示意图如图 2-84 所示。

图 2-84 视音频输入、输出后接口板对应线缆连接

图 2-84 中音频线说明如表 2-7 所示。

表 2-7 音频线说明

序 号	名 称	功 能
1	DB26 音频转接线	1 转 16 BNC 接头，用于连接音频输入
2	DB15 音频转接线	1 转 8 BNC 接头，用于连接音频输出

说明：图 2-84 中"3"处为 DS-6532D-B10D-IO 的音频输出接口，连线方法同"2"处的连接方式完全相同。

4．管理软件的安装

1）IE 控件

首次登录客户端软件时会自动提示要安装浏览器控件、ActiveX 控件和插件，单击"安装"按钮即可。

2）网络视频监控软件 iVMS-4200

iVMS-4200 是为嵌入式网络监控设备开发的软件应用程序，适用于嵌入式网络硬盘录像机、混合型网络硬盘录像机、网络视频服务器、NVR、IP Camera、IP Dome、PCNVR 和解码设备以及视音频编解码卡，支持实时预览、远程配置设备参数、录像存储、远程回放和下载、报警信息接收和联动、电视墙解码控制、电子地图、日志查询等多种功能。

网络视频监控软件 iVMS-4200 的详细安装步骤如下。

（1）双击安装程序，打开软件安装向导。

单击"下一步"按钮继续安装，如图 2-85 所示。

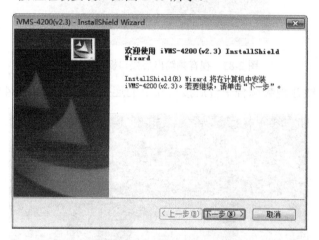

图 2-85　打开软件安装向导

（2）接受安装条款，选择需要安装的组件以及软件安装路径，默认路径为 C:\Program Files\ iVMS-4200 Station\iVMS-4200，单击"下一步"按钮，如图 2-86 所示。

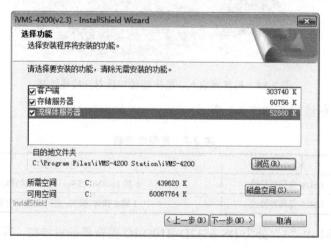

图 2-86　选择需要安装的组件及安装路径

（3）选择需要安装的功能开始安装，如图 2-87 所示。

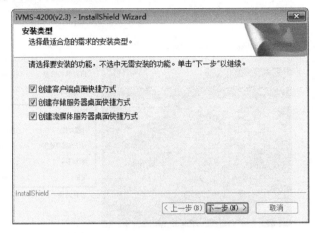

图 2-87　开始安装

（4）单击"完成"按钮完成安装，如图 2-88 所示。

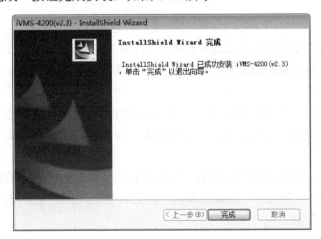

图 2-88　完成安装

二、系统调试

1．摄像机的调试

摄像机安装完毕，确认各种线缆端接牢固后，即可开始调试摄像机。虽然摄像机的默认参数可适应多数环境，但在一些光线及环境空间需要做针对性的调试才能发挥出最佳性能。下面将就摄像机调试过程中的一些重要参数进行说明。

1）镜头调试

（1）摄像机镜头可调项通常包括光圈 Iris、焦距 Zoom、聚焦 Focus。

（2）如果是自动光圈镜头，需先在计算机 Web 界面输入摄像机 IP 地址进行访问，单击"配置"命令进入配置界面，在"高级配置"→"图像"→"曝光"里修改"光圈模式"为手动光圈。如果使用的是手动光圈的镜头，同样将"光圈模式"修改为手动光圈，然后将镜头光圈调到最大，光圈调整界面如图 2-89 所示。

图 2-89　光圈模式

（3）镜头调焦主要是调焦距 Zoom 和聚焦 Focus。先调 Zoom 选取场景的宽度/纵深/面积，再调节 Focus 将图像聚焦清晰，如果场景不满意再重复进行 Zoom 变焦操作，然后进行 Focus 聚焦的操作。

（4）调焦完毕后根据摄像机实际所搭配的镜头将光圈模式调成与之匹配的模式。镜头为手动光圈镜头时摄像机对应的是手动光圈模式；镜头为自动光圈镜头时，摄像机对应的是自动光圈模式。

需要注意的是，如果是模拟摄像机，镜头安装完毕后需根据不同的控制类型选择摄像机驱动方式，如 DC 控制类型，则将摄像机上的开关置于"DC"挡，若是视频控制类型，则切换到"VIDEO"挡。

2）焦距对图像的影响

摄像机焦距大小影响场景的大小和细节，在摄像机调试过程中焦距越小则视场角越大，从而图像容易出现畸变和暗角，图像单位面积内像素的密度也会下降，导致细节变差。所以在安装过程中，要多关注图像的质量，尽量保证图像不出现明显的畸变和暗角，同时场景也不要调得太小，要覆盖所需监控的区域。

3）调焦对图像的影响

"摄像机调焦对图像的质量至关重要，摄像机图像经常碰到整体虚焦、半边糊、边角糊的情况，都是调焦不够细致，聚焦点没把控好所致"。摄像机调焦需经过"模糊→清晰→模糊→清晰"的过程，保证图像中心区域最清晰，左右两边清晰度对称，效果最佳。

4）角度对图像的影响

摄像机安装角度在适应监控要求的前提下应该尽量将有限的像素覆盖在路面人员活动区域内。另外，天空的背景亮度值较高，而路面的亮度值较低，如果角度抬得太高会导致路面过暗，损失监控细节，角度不同，其不同效果如图 2-90、图 2-91 所示。

图 2-90 调整前

图 2-91 调整后

5）逆光、宽动态对图像的影响

摄像机场景逆光会导致图像过曝，在安装时应尽量避开逆光的场景。如无法避开逆光，建议开启宽动态来提升图像动态范围改善过曝情况，其不同效果如图 2-92、图 2-93 所示。

图 2-92 调整前

图 2-93 调整后

宽动态技术采用双速 CCD，进行两次曝光，并通过 DSP 对两次曝光的信息进行处理和重新组合，使场景中特别亮和特别暗的部位都看得清晰，尤其适用于逆光或前后景亮度差异大的场景。但在不需要宽动态功能的场景下，如果开启宽动态，反而会出现图像效果下降的问题。因而，在设备调试过程中建议先关闭宽动态功能，根据实际场景再有针对性地开启该功能，其不同效果如图 2-94、图 2-95 所示。

图 2-94　关闭宽动态效果

图 2-95　开启宽动态效果

6）遮挡物、脏污对图像的影响

摄像机在安装过程中应注意保护镜头及前盖玻璃的整洁，并定时对前盖玻璃及镜头进行清洁维护。另外，如果监控场景前有遮挡物，则需进行定期清理或者是避开遮挡物，污物与遮挡物均会影响图像的效果。

7）光圈对图像的影响

光圈决定摄像机进光量的大小，自动光圈镜头可以由摄像机自身来控制光圈的大小，本节只对手动光圈的调试进行说明。手动光圈镜头的光圈大小能且仅能通过手动进行调节，如 1.2 镜头调试中所述，光圈的大小与景深成反比，与进光量成正比，通常在调试过程中建议以夜间低照度为主，将镜头光圈先调到最大，然后稍微往回调一点兼顾景深，避免过曝，之后再锁紧螺杆。

8）补光灯对图像的影响

针对无光环境或者夜间效果要求较高的场景，需要增加补光灯来给摄像机进行补光。补光灯建议安装在距离摄像机 3～5m 处进行侧向补光，下压角度和摄像机的下压角度保持一致。每个补光灯都有一定的发光角度，光强从中心往边缘逐渐变弱。在两个补光灯背向补光的情况下，建议将补光灯对准监控的中心区域进行补光。在两个补光灯正向补光的情况下，建议将补光灯侧向呈一定角度进行补光，如图 2-96、图 2-97 所示，其一是为了避免两补光灯中心区域叠加，其二是与对向摄像机在水平方向呈一定角度，从而让监控场景内的补光更均匀，避免过曝，其效果对比如图2-98、图2-99所示。

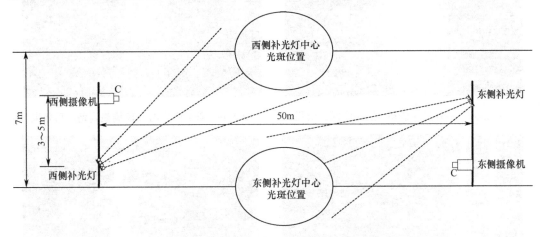

图2-96 双杆正向补光灯安装示意图

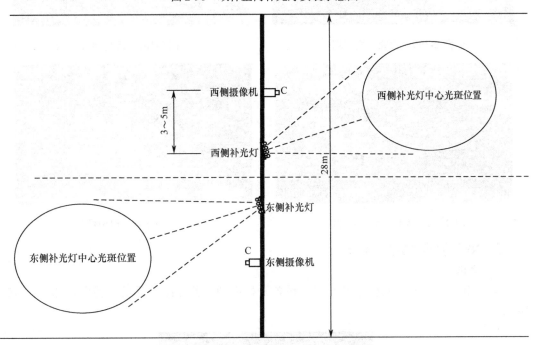

图2-97 龙门架背向补光灯安装示意图

9）红外摄像机调试要点

因为红外摄像机的特殊性，红外光线对镜头、镜面脏污以及近处遮挡物极其敏感，所以在红外摄像机的安装调试过程中要特别注意保持镜头和镜面的洁净，而且要修剪或者避开近处遮挡物。另外，因为红外摄像机受自身红外功率的影响，照射距离不宜过远，距离越远红外光线的衰减越大，且摄像机的角度不宜过高，否则无法形成红外光线的有效反射，其效果对比如图2-100～图2-103所示。

图 2-98　两补光灯都补在道路中间的效果

图 2-99　补光灯中心光斑调整到路边后效果

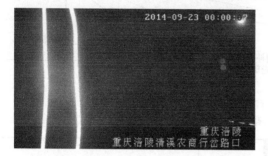

图 2-100　近处电线遮挡

图 2-101　近处树枝遮挡

图 2-102　蛛网对红外的影响

图 2-103　理想场景

2．NVR 的基本操作及调试

1）开机

插上电源，打开后面板电源开关，设备开始启动，并弹出"开机"界面，如图 2-104 所示。

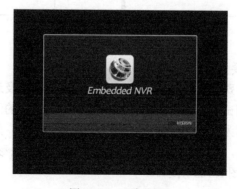

图 2-104　开机界面

设备启动后，DS-8600N-E8 系列设备电源指示灯呈蓝色常亮，其他系列设备电源指示灯呈绿色常亮。设备启动后，可通过开机向导进行简单配置，使设备正常工作。

如果开机前设备未安装硬盘，或安装的硬盘在开机初始阶段未被检测到，硬盘录像机将从蜂鸣器发出警告声音，重新设置"异常处理"菜单中"硬盘错"选项的"声音警告"，可以消除告警声音。

2）设备激活

首次使用的设备必须先激活，然后再设置一个登录密码，才能正常登录和使用。具体激活步骤如下。

（1）设备开机后即弹出激活界面，如图 2-105 所示。

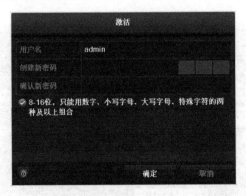

图 2-105　激活界面

（2）创建设备登录密码，如图 2-106 所示。

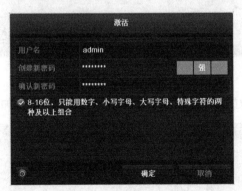

图 2-106　设置密码界面

需要说明的是，密码由 8～16 位数字、小写字母、大写字母或特殊字符的两种及以上组合而成。通常，可以将密码分为弱、中、强 3 个等级。为保护个人隐私和企业数据，建议设置符合安全规范的高强度密码。

（3）单击"确定"按钮，弹出激活成功提示界面，如图 2-107 所示。单击"确定"按钮，完成设备激活。

3）用户密码修改

设备正常启动后直接进入预览画面。在预览画面上可以看到叠加的日期、时间、通道名称，需重新设置日期、时间、通道名称。

图 2-107　激活成功提示界面

4）云台控制

用户控制 IP 通道的球机或云台前，请先确认云台解码器与 NVR 间的网络已正常连通，并在设备中对该云台解码器参数进行配置。具体操作步骤如下。

（1）选择"主菜单"→"通道管理"→"云台配置"，进入"云台配置"界面，如图 2-108 所示。

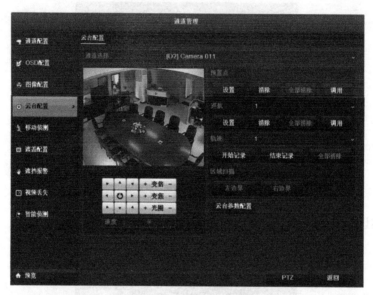

图 2-108　"云台配置"界面

（2）选择"云台参数配置"，进入"云台参数配置"界面，如图 2-109 所示。

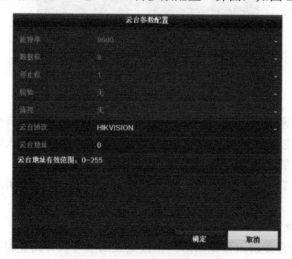

图 2-109　"云台参数配置"界面

需要注意的是，在设置通道的云台参数时，一定要确保 IP 通道的云台协议、云台地址应与云台解码器参数一致。

在云台参数配置完成后，即可进行云台控制操作。在预览画面下，选择预览通道便捷菜单的"云台控制"，进入云台控制模式。通过云台控制条（或者通过鼠标）对云台进行控制，云台控制条如图 2-110 所示，云台控制条说明如表 2-8 所示。

图 2-110 云台控制条

表 2-8 云台控制条说明

按 钮	说 明	按 钮	说 明	按 钮	说 明
云台方向控制	云台方向控制及自动扫描按钮	+	调节变倍+、变焦+、光圈+	−	调节变倍-、变焦-、光圈-
通道选择 [D1] 通道01	选择 IP 通道	菜单图标	菜单	3D	3D 定位
居中图标	居中	灯光图标	灯光开关	雨刷图标	雨刷
速度	云台移动速度调节	配置	进入云台配置界面	守望一键巡航	开启/停止守望一键巡航
守望巡航1	开启/停止守望巡航 1	守望预置点1	开启/停止守望预置点 1	区域扫描	开启/停止区域扫描
一键恢复	一键恢复云台默认参数	调用巡航	调用巡航	停止巡航	停止巡航
调用预置点	调用预置点	调用轨迹	调用轨迹	停止轨迹	停止轨迹
最小化图标	最小化窗口	退出图标	退出云台控制	—	—

如果要进行预置点、巡航、轨迹的设置及调用，首先需要确认前端云台解码器协议是否支持。在确认可支持的情况下，可通过以下操作完成预置点设置。

在"云台配置"界面，首先，使用云台方向键将图像旋转到需要设置预置点的位置；其次，在"预置点"文本框中输入预置点号，如图 2-111 所示；最后，单击"设置"按钮即可完成预置点的设置。如需设置更多预置点，则通过重复前述操作即可实现。

设置好预置点后，便可在云台控制模式下调用预置点。进入云台控制模式的方法有以下两种。

图 2-111　预置点设置界面

方法一：在"云台配置"界面下，单击"PTZ"按钮。

方法二：在预览模式下，单击通道便捷菜单"云台控制"或按下前面板、遥控器、键盘的"云台控制"键。

在完成预置点设置后，即可进行巡航的设置和调用操作。同样，在"云台配置"界面下，选择好巡航路径后，逐个添加关键点号，并设置关键点参数，包括关键点序号、巡航时间、巡航速度等。完成后，即可通过"调用巡航"实现巡航调用功能。

5）录像

通常，NVR 支持定时录像、报警录像、移动侦测录像等多种录像方式。这里重点介绍海康威视 NVR 上的一键开启录像方式，该方式下设备支持一键开启所有通道全天定时/移动侦测录像，更方便、更快捷。一键开启录像同样有两种配置方法，接下来逐一进行介绍。

方法一：在预览状态下，单击鼠标右键打开右键快捷菜单，如图 2-112 所示。在弹出的菜单中，选择开启录像，开启所用通道的全天录像（录像类型可选择"定时录像"或"移动侦测录像"）。当然，一键开启 IP 通道移动侦测录像前，需要确保该通道的移动侦测设置已经完成。

方法二：选择"主菜单"→"手动操作"→"手动录像"，由此进入"手动录像"界面，如图 2-113 所示。在该界面下，选择"开启定时录像"，可开启所用通道全天定时录像计划；选择"开启移动侦测录像"，可开启所用通道全天移动侦测录像计划。

6）回放

同样，NVR 也支持即时回放、常规回放、标签回放等多种回放方式。接下来，将对常规回放进行重点介绍。常规回放即按通道和日期检索相应的录像文件，从生成的符合条件的播放条中依次播放录像文件。

图 2-112 右键快捷菜单界面

图 2-113 手动录像界面

常规回放的具体回放操作步骤如下：

① 选择"主菜单"→"回放"。进入"常规回放"界面，如图 2-114 所示。

② 选择录像回放的通道，日历自动显示当前月份的录像情况。

（1）单通道回放。

① 在"最小回放路数"通道列表，选择需要回放的某个通道。

② 单击▶或用鼠标双击需要回放的日期，进入常规单通道回放界面，如图 2-115 所示。

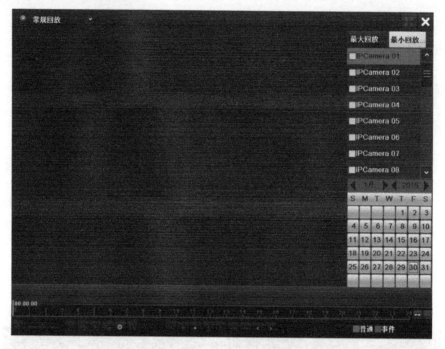

图 2-114　进入常规回放界面

图 2-115　常规单通道回放界面

（2）多通道同步回放。

① 在"最小回放路数"通道列表，选择想要回放的某几个通道，或者单击"最大回放路数"，全选设备能回放的所有通道。

② 单击▶或用鼠标双击需要回放的日期，进入同步回放界面，如图 2-116 所示。

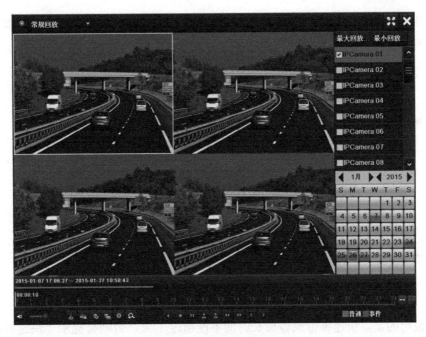

图 2-116 同步回放界面

在回放过程中，使用右上角的"全屏"键，回放画面进入全屏回放；使用"加速"或"减速"键，实现录像快放或慢放功能。

7）录像资料备份

录像备份有 3 种方式，分别为快速备份、常规备份和事件备份。而常见的存储设备包括 USB 设备（U 盘、移动硬盘、USB 刻录机）、SATA 刻录机等。此处以 U 盘为例，重点介绍快速备份，具体操作步骤如下。

（1）选择"主菜单"→"备份"→"常规备份"。进入"录像备份"界面，如图 2-117 所示。

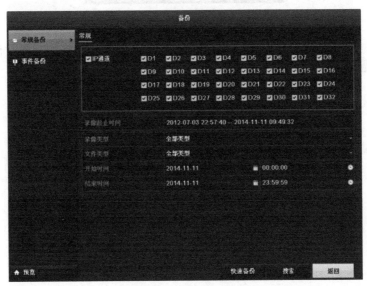

图 2-117 录像备份界面

（2）选择需要备份的通道，单击"快速备份"按钮，进入"备份"界面，如图 2-118 所示。

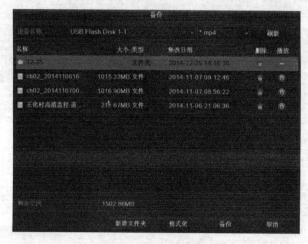

图 2-118　备份界面

需要说明的是，快速备份录像最长时间不能超过 1 天，否则会提示"快速备份时，时间跨度最长为 24 个小时！"。

（3）选择备份的设备，单击"备份"按钮，开始备份录像，直到导出所有备份文件，弹出备份完成提示界面，如图 2-119 所示。

图 2-119　备份完成提示界面

（4）进入"备份结果"界面，如图 2-120 所示。选择需要确认的录像文件，单击 ▶ 播放录像文件，可对该录像文件进行复核确认。

图 2-120　备份结果界面

8）网络配置

NVR 在使用前必须要进行与网络有关的参数设置。需要特别注意的是，网络参数设置完成并保存后，必须重启设备之后设置的网络参数才能生效。进入"网络设置"菜单界面可进行网络参数的设置，如图 2-121 所示。

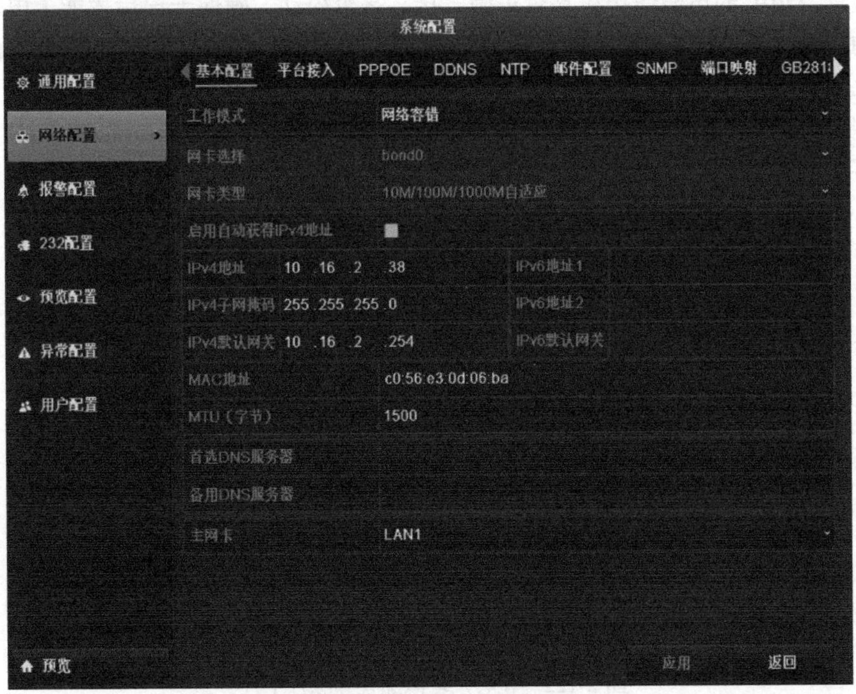

图 2-121　网络配置的基本配置界面

在基本配置界面可以设置工作模式、网卡类型、IPv4 地址、IPv4 网关、IPv4 掩码、MTU、DNS 服务器、IPv6 地址等参数。

工作模式可选择的设置项有多址设定和网络容错。

- 多址设定模式：两张网卡参数相互独立，网卡相互工作，选择"网卡选择"可分别对 LAN1 和 LAN2 进行设置。可选择一张网卡为默认路由。当系统主动连接外部网络时，数据由默认路由转发。
- 网络容错模式：两张网卡使用相同的 IP 地址，选择"主网卡"，可选择 LAN1 或 LAN2 为主网卡。当一块网卡的网络出现故障时，系统启用备份网卡来保证系统的网络工作正常。

网卡类型：默认 10M/100M 自适应，可选项有 10M 半双工、10M 全双工、100M 半双工、100M 全双工等。

IP 地址：该 IP 地址必须是唯一的，不能与同一网段上的其他任何主机或工作站相冲突，按"编辑"键可对 IP 地址进行编辑。本设备支持 DHCP 协议，如果网络中有 DHCP 服务器，那么只要在"IP"地址栏内输入"0.0.0.0"，设备启动后就会获取一个动态的 IP 地址并显示在 IP 地址栏内。

子网掩码：用于划分子网网段。

网关：跨网段访问 DVR 时，需设置该地址。

DNS IP：解析动态 IP 地址的服务器 IP 地址。

3．视频综合平台的基本操作及调试

视频综合平台各功能模块安装并接线完毕后，就要进行通电调试了。在上电之前，必须重新检查 220V 的电源线接线是否正确、接头是否松动，确保无误后才能上电。视频综合平台的操作机调试支持 4100 客户端软件和 4200 客户端软件，下面将分别介绍两个客户端软件上的基本操作。

1）4100 客户端软件（适用 B10 V2.3 及以前版本）

在客户端添加视频综合平台，如图 2-122 所示。

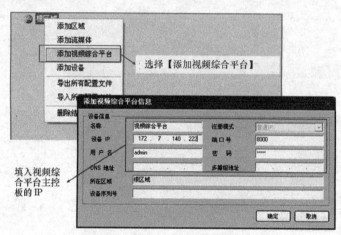

图 2-122　在客户端添加视频综合平台

（1）对设备子系统进行配置。

对子系统的配置有两种方法，一种是启用 NAT，另一种是对子系统单独配置。

注：NAT 功能和子系统批量配置二选一，如图 2-123 所示。

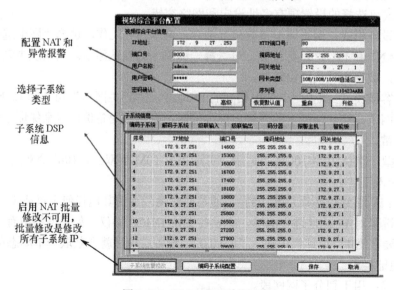

图 2-123　NAT 或子系统配置

（2）配置 NAT，如图 2-124 所示。

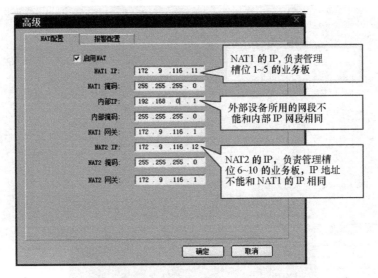

图 2-124　配置 NAT

（3）子系统批量配置，如图 2-125 所示。

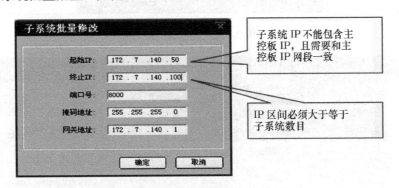

■ 启用了 NAT 功能，子系统批量修改不可用。

■ 子系统批量修改只能统一修改所有子系统 IP，不可以单独
对某个类型的子系统进行修改。

■ 子系统批量修改是从编码子系统开始修改的。

图 2-125　子系统配置

（4）电视墙配置。

选择"电视墙"→"电视墙配置"命令，进入电视墙配置界面，如图 2-126 所示。

拖动解码子系统的显示通道到控制窗口显示区域，如图 2-127 所示。

完成视频综合平台添加和电视墙配置后，选择"电视墙"→"电视墙操作"命令，进
入电视墙操作界面，拖动列表中视频源通道节点至右侧解码窗口，即可将该通道解码上墙，
电视墙显示如图 2-128 所示。

（5）轮巡解码。

首先建立分组，如图 2-129 所示。

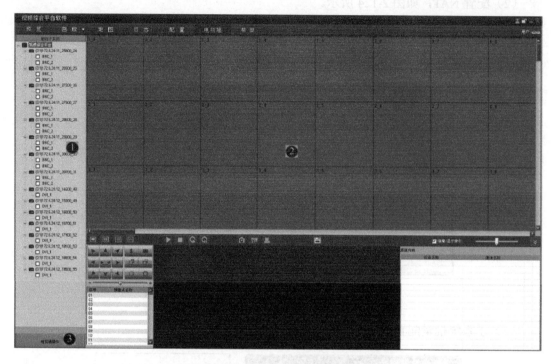

图 2-126　电视墙配置

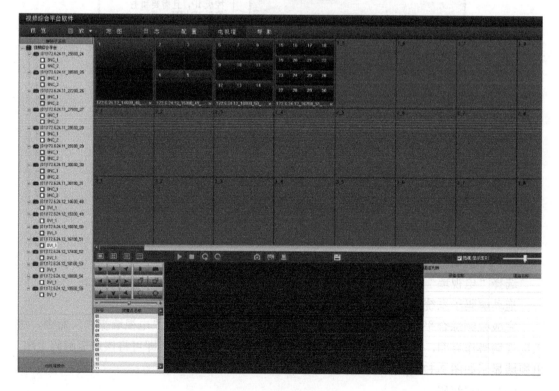

图 2-127　控制窗口显示

图 2-128　电视墙显示

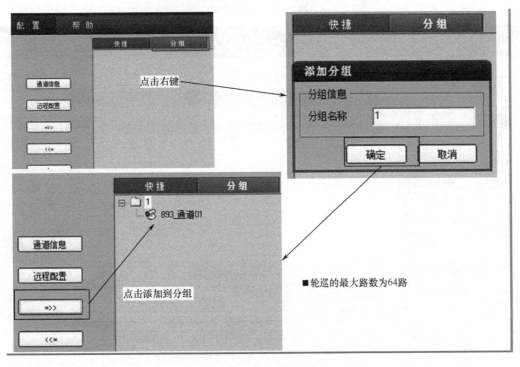

图 2-129　轮巡建立分组

选中一个要做轮巡的窗口，将分组拖动到窗口即可，如图 2-130 所示。

（6）解码子系统工作状态查看（如图 2-131 所示）。

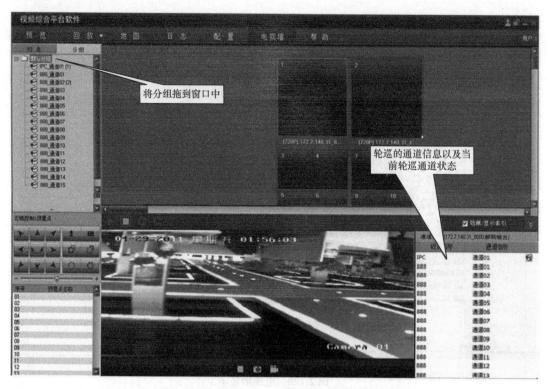

图 2-130　轮巡窗口

图 2-131　解码子系统工作状态

（7）解码资源预分配（如图 2-132 所示）。

■ 解码分辨率：用于解码资源预分配，并不是将前端解码成某种分辨率。

图 2-132　解码资源分配

（8）解码输出口分辨率设置（如图 2-133 所示）。

■ 显示分辨率：代表该输出口用什么分辨率来显示该图像。

图 2-133　解码输出口分配率设置

（9）窗口分割。

首先选中一个窗口，然后选择按钮 ▣▦▦▦ 对窗口进行不同的画面分割，4 画面分割如图 2-134 所示。

（10）大屏拼接配置。

以 2×2 大屏拼接为例，将 4 个输出通道拖到布局中，生成 4 个输出窗口，将所有输出窗口选中或者用"Ctrl+单击"的方式选中所需要的输出窗口，如图 2-135 所示。

（11）大屏窗口漫游配置。

大屏拼接配置完成后的"电视墙操作"配置界面如图 2-136 所示。

选择左侧列表，将列表中的通道拖到右侧显示窗口，就可以实现视频信号在窗口任意漫游显示。

图 2-134　4 画面分割

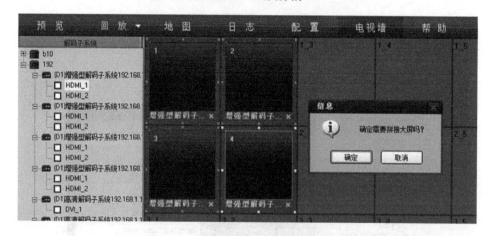

图 2-135　大屏拼接

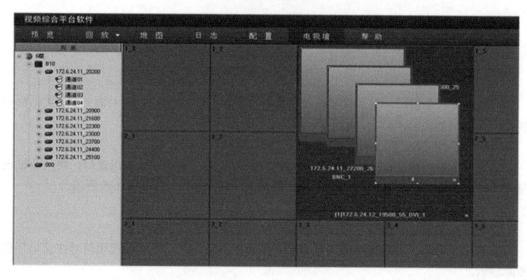

图 2-136　电视墙配置

2）IVMS4200客户端操作（适用于综合平台一体机，B20、B10 V3.0版本）

（1）设置添加综合平台，如图2-137和图2-138所示。

图2-137　设备添加综合平台（一）

图2-138　设备添加综合平台（二）

（2）修改设备网络参数。

在级联服务器界面，选中别名为"B20"的所在行，单击"远程配置"按钮，出现"远程配置"界面。选中主控板IP地址，单击对话框中的"远程配置"按钮，如图2-139所示。

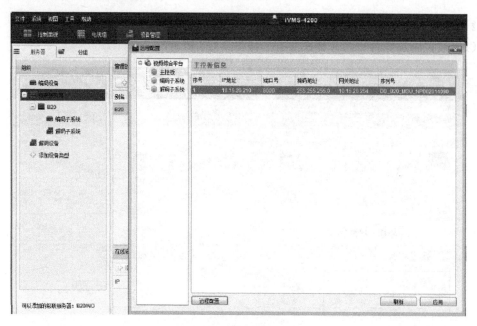

图 2-139　设备远程配置

（3）修改子系统网络参数。

子系统网络参数一般有子系统批量配置和 NAT 功能配置两种方式，可任选其一。

① 批量修改子系统 IP 地址。

在"远程配置"界面，单击"网络"→"高级设置"→"子系统批量修改"，出现子系统批量配置界面，填写起始 IP 地址、结束 IP 地址、掩码地址、网关地址、端口号及密码，如图 2-140 所示。

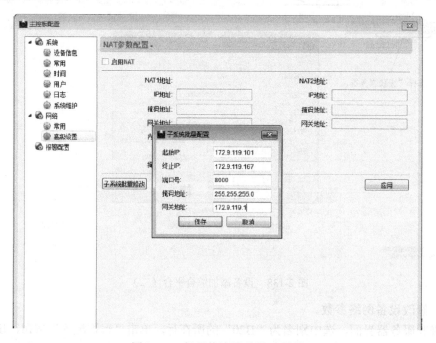

图 2-140　批量修改子系统 IP 地址

② NAT 配置。

也可以启用 NAT 配置，在"远程配置"界面，单击"网络"→"高级设置"，勾选"启用 NAT"，出现 NAT 配置界面，如图 2-141 所示。

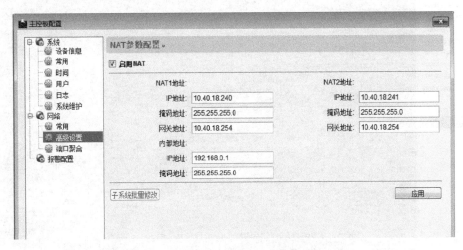

图 2-141　NAT 配置界面

NAT 地址和主控板地址保持在同一网段即可，并且注意内部地址与 NAT 地址必须不在同一网段。

（4）电视墙配置。

在控制面板单击"电视墙"进入电视墙配置界面，其操作过程如图 2-142 和图 2-143 所示。

图 2-142　单击选择"电视墙"

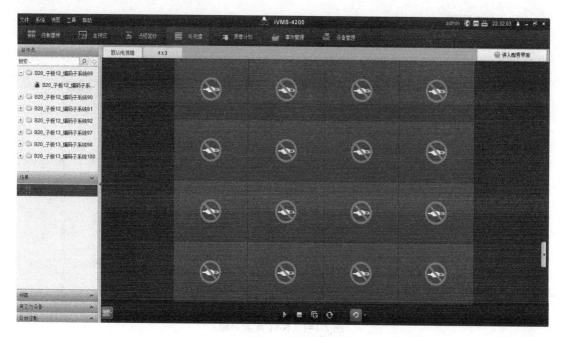

图 2-143 电视墙配置显示界面

单击进入"配置界面",填写电视墙参数,可以单击默认电视墙后面的"+"号,新建电视墙,可以选择拼接规模为 1×1～10×10,如图 2-144 所示。

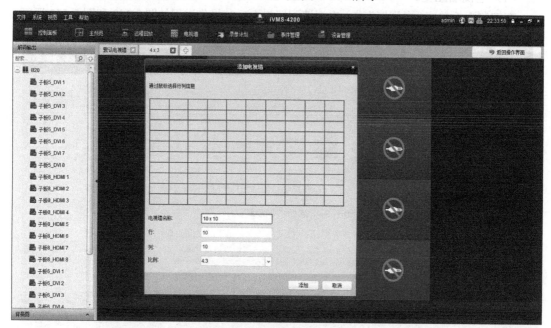

图 2-144 电视墙参数配置

在"电视墙"界面,双击解码子系统下的输出接口,弹出输出接口分辨率修改界面,在分辨率下拉菜单中选中所需要的分辨率,单击"修改"按钮,完成修改输出接口分辨率,支持批量修改,可以选中全部或者多个输出口统一修改输出分辨率,如图 2-145 所示。

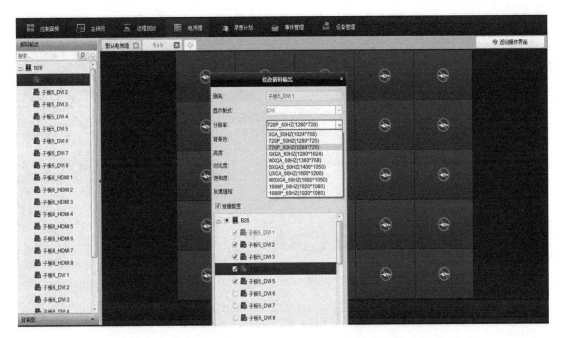

图 2-145 修改输出接口分辨率

按照综合平台解码板与大屏之间的物理连接关系，将"电视墙"界面左侧解码子系统的输出接口拖至右侧窗口，右侧窗口的下方会显示当前关联解码子系统的输出窗口信息，如图 2-146 所示。

图 2-146 电视墙输出窗口

配置完电视墙后，在电视墙配置界面单击右上角的"返回操作界面"，进入"电视墙"操作界面，如图 2-147 所示。

图 2-147　电视墙操作界面

拖动左侧分组列表的监控点通道至右侧电视墙输出口，便开启了该监控点通道的解码，如图 2-148 所示。

图 2-148　电视墙显示

（5）窗口分屏。

选中需要进行分屏的窗口，单击解码控制栏按钮，即可对该窗口进行分屏操作，如图 2-149 所示。

图 2-149 电视墙窗口分屏

（6）窗口的漫游、缩放和拼接（如图 2-150 所示）。

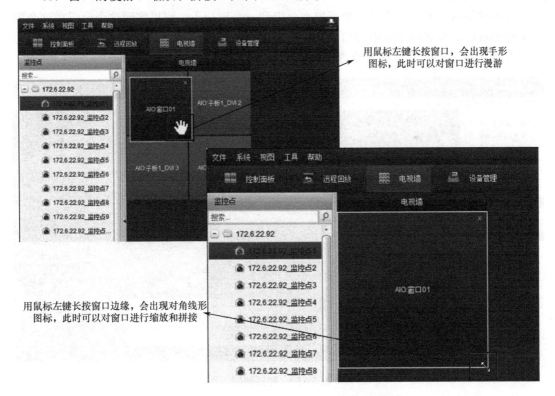

用鼠标左键长按窗口，会出现手形
图标，此时可以对窗口进行漫游

用鼠标左键长按窗口边缘，会出现对角线形
图标，此时可以对窗口进行缩放和拼接

图 2-150 电视墙窗口的漫游、缩放和拼接

（7）视频解码。

选中需要开始/停止解码的窗口（或窗口子窗口），右击该窗口，在弹出的菜单中单击
"开始解码"/"停止解码"，即可开启/关闭该窗口的视频解码，如图 2-151 所示。

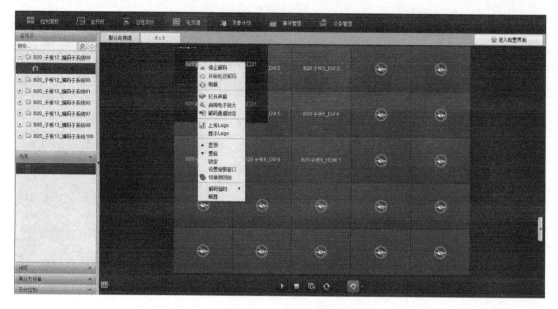

图 2-151　视频解码

（8）轮巡解码。

在电视墙操作界面，拖动一个监控点分组到一个窗口上，可以实现这个分组在这个窗口上轮巡解码。或者单击选中窗口，然后选择监控点分组，单击分组后的轮巡图标，右击可以选择"停止轮巡"/"开始轮巡"。轮巡解码操作界面如图 2-152 所示。

图 2-152　轮巡解码

4. 客户端软件的基本操作

1）用户登录

首次运行软件需要创建一个超级用户，如图 2-153 所示，自定义用户名和密码。

注意：用户名和密码不能含有以下特殊字符：'、\、/、:、*、?、\、<、>、|，并且密码不能少于 6 位。

若软件已经注册了管理员账户，则启动软件后将显示用户登录对话窗口，如图 2-154 所示，选择用户名，输入密码后单击"登录"按钮，进入软件，若勾选"启用自动登录"复选框，则下次登录软件时默认以当前用户自动登录。

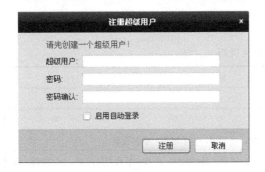

图 2-153　注册用户界面

图 2-154　登录界面

2）设备管理

系统初始化后进入软件主界面，分为 4 个部分，如图 2-155 所示。

图 2-155　软件主界面

软件界面说明如表 2-9 所示。

表 2-9 软件界面说明

区 域	说 明	区 域	说 明
❶	菜单栏	❷	标签栏
❸	配置模块	❹	报警/事件信息列表

菜单栏说明如表 2-10 所示。

表 2-10 菜单栏说明

菜 单	说 明
文件	打开抓图、视频、日志文件选项，退出软件
系统	加锁，切换用户，导入、导出软件配置文件
视图	预览分辨率调整，控制面板，主预览，远程回放，电视墙，电子地图，辅屏预览
工具	设备管理，事件管理，录像计划，用户管理，日志搜索，系统配置，广播，系统布防控制，I/O 控制，批量控制雨刷，批量校时，播放器，邮件队列
帮助	打开向导，用户手册，关于，语言（English、中文）

模块列表说明如表 2-11 所示。

表 2-11 模块列表说明

模 块	说 明
	主预览：实现实时预览、录像、抓图、云台控制、录像回放等操作
	远程回放：远程回放设备录像
	电视墙：电视墙的配置及操作功能
	电子地图：管理和显示电子地图及热点；实现电子地图相关操作，即地图的放大/缩小、热点实时预览、报警显示等
	设备管理：设备和分组的添加、修改、删除及配置
	事件管理：监控点的事件、报警输入及异常事件的管理与触发动作的设置
	录像计划：配置监控点的录像计划和相关录像参数

模　块	说　明
	用户管理：对系统的用户及权限进行设置
	日志搜索：搜索、查看和备份客户端及远程日志
	系统配置：对系统的基本参数及网络参数等进行配置
	热度图：热度数据统计
	客流量：客流量数据统计

3）设备管理

系统初始化后，进入软件控制面板。在控制面板中选择按钮 ，进入设备管理界面。首次使用软件时，需要先添加编码设备。在在线设备中显示当前局域网所有在线的编码设备，如图 2-156 所示。

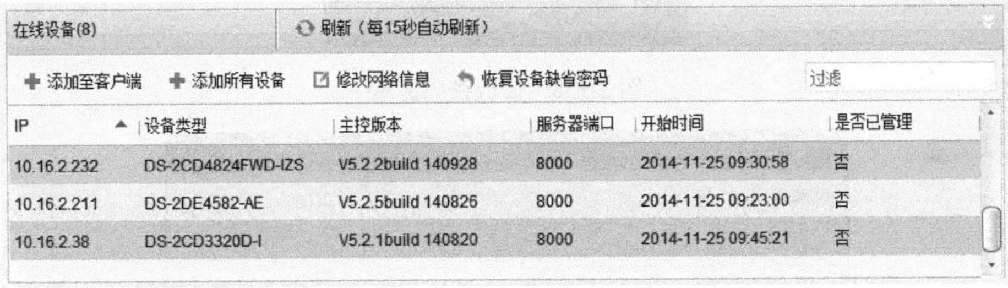

在线设备(8)		刷新（每15秒自动刷新）				
＋添加至客户端	＋添加所有设备	修改网络信息	恢复设备缺省密码			过滤
IP	设备类型	主控版本		服务器端口	开始时间	是否已管理
10.16.2.232	DS-2CD4824FWD-IZS	V5.2.2build 140928		8000	2014-11-25 09:30:58	否
10.16.2.211	DS-2DE4582-AE	V5.2.5build 140826		8000	2014-11-25 09:23:00	否
10.16.2.38	DS-2CD3320D-I	V5.2.1build 140820		8000	2014-11-25 09:45:21	否

图 2-156　在线设备界面

单击按钮 ＋添加所有设备 ，或按住"Ctrl"键选择在线设备的某几台设备。单击按钮 ＋添加至客户端 时，弹出添加设备对话框，如图 2-157 所示。需要注意的是，设备的批量添加需满足所添加的设备用户名和密码一致。

输入用户名密码，单击"添加"按钮即可完成局域网全部设备或批量设备的添加。添加成功后，若新添加设备 admin 用户的密码为 12345，则弹出修改密码提示，如图 2-158 所示。

选择在线设备的某一台设备单击按钮 ＋添加至客户端 ，弹出添加设备对话框，如图 2-159 所示。输入别名、用户名、密码，单击"添加"按钮即可完成局域网在线设备的添加。

单击按钮 修改网络信息 ，可修改在线设备网络参数，如图 2-160 所示。该界面可修改设备的网络参数，修改 IP、掩码、网关、端口号等，输入设备管理员密码，单击"确定"按钮即可完成设备的网络参数修改。

添加
添加模式:
IP/域名
IP段
IP Server
HiDDNS
批量导入
用户名:
密码:
导入至分组
将设备IP作为组名，该组包含设备所有通道。
添加
取消

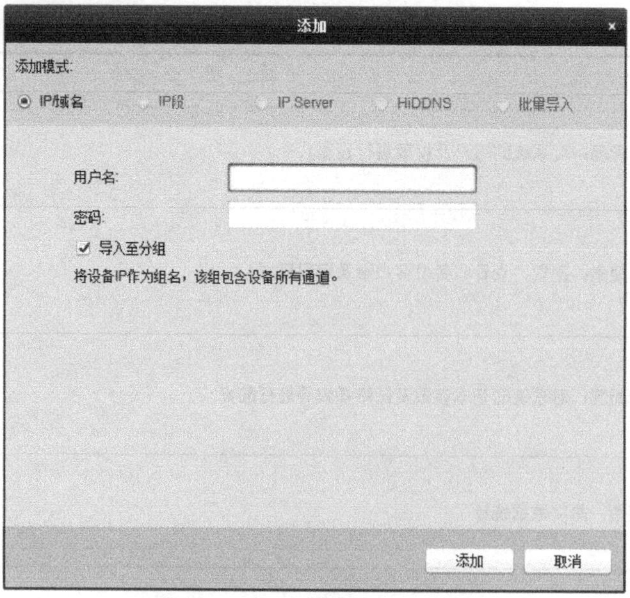

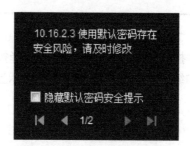

图 2-157　批量添加设备对话框

10.16.2.3 使用默认密码存在安全风险，请及时修改
隐藏默认密码安全提示
1/2

图 2-158　修改密码提示

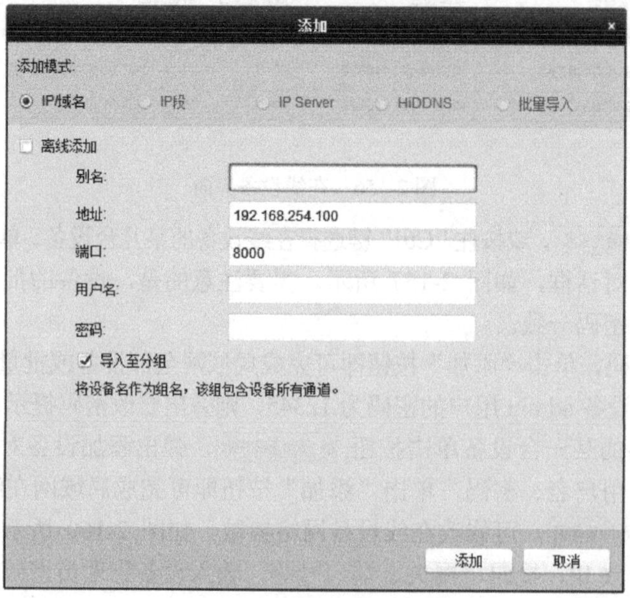

添加
添加模式:
IP/域名
IP段
IP Server
HiDDNS
批量导入
离线添加
别名:
地址:
192.168.254.100
端口:
8000
用户名:
密码:
导入至分组
将设备名作为组名，该组包含设备所有通道。
添加
取消

图 2-159　局域网添加设备对话框

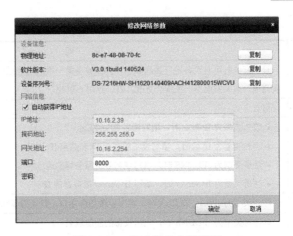

图 2-160 修改设备参数界面

单击按钮 恢复设备缺省密码，弹出对话框，如图 2-161 所示。输入正确的验证码，单击"确定"按钮即可恢复设备默认密码。

图 2-161 "恢复设备缺省密码"对话框

在管理设备列表栏中选择按钮 + 添加设备，弹出添加设备对话框，如图 2-162 所示。输入别名、IP/域名地址、端口、用户名、密码，单击"添加"按钮，即可完成设备的添加。

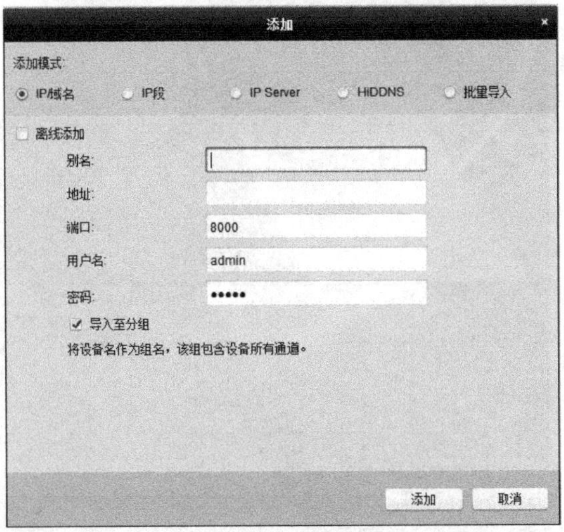

图 2-162 添加设备对话框

添加信息相关说明如下：

可选择的设备添加方式还有 IP 段、IP Server、HiDDNS、批量导入。编码设备添加信息填写说明如表 2-12 所示。

表 2-12　编码设备添加信息填写说明

选　项	说　明
☑ 离线添加	设备离线时可对设备进行离线添加，离线设备第一次成功登录后会去设备上匹配设备的真实通道，如果发现不一致就会更改，若一致则不更改
别名	可自定义
服务器地址	• 添加类型为 IP/域名时，填写设备 IP 或域名 • 添加类型为 IP 段时，填写设备的开始 IP 和结束 IP • 注册类型为 HiDDNS 时，填写域名解析服务器的地址 • 注册类型为 IP Server 时，填写 IP Server 服务器的 IP
端口	注册类型为 IP/域名或 IP 段时，填写设备服务端口，默认为 8000
设备域名/设备标识	• 注册类型为 HiDDNS 时，填写设备的注册域名 • 注册类型为 IP Server 时，填写远程设备名或设备序列号
用户名/密码	设备登录用户名/密码，默认为 admin/12345，用户应根据自己的设备修改
通道数	在 ☑ 离线添加 之后，填写设备通道数，离线设备第一次成功登录后会去设备上匹配设备的真实通道，如果发现不一致就会更改，若一致则不更改
☑ 导入至分组	快速将该设备下的所有通道添加到一个以设备别名命名的分组中
CVS	批量导入编码设备（CVS 数据导入）

4）预览

初次进入主预览界面时，播放面板默认以 2×2 播放窗口显示，可通过画面分割按键![icon]进行窗口分割的选择，最大可支持 64 画面标准分割和 48 画面宽屏分割，新增自定义画面分割，预览界面自由度提高，其效果如图 2-163 所示。

图 2-163　图像视频预览

主预览界面按键说明如表 2-13 所示。

表 2-13　主预览界面按键说明

按　键	说　明
	选择画面分割模式，支持标准分割、宽屏分割和自定义分割模式
	保存当前的画面分割视图
	将当前的画面分割视图另存为其他视图
	停止所有预览
	启动轮循播放，暂停轮巡播放
	进行轮巡时间设置，轮巡预览时无法设置
	开启声音预览时，可调节音量
	全屏预览
	通道已连接且工作正常
	通道正在预览
	通道未连接
	抓图
	开始或停止手动录像
	切换至回放状态
	正在录像

5）录像

在控制面板中选择"存储计划" ，可设置监控点的存储计划。可以选择通过设备本地存储和服务器存储，并且新增了报警图片和附加信息的存储及配额，如图 2-164 所示。

在控制面板中选择 ，进入存储计划配置界面。在左侧分组列表中选择需要录像的监控点，勾选"设备本地存储"。单击按钮 模板编辑 ，进入模板界面后可选择不同的模板。全天模板、工作日模板、事件模板为固定配置，不能修改；自定义可对模板直接进行编辑，模板 01 至模板 08 可根据需求对其进行修改保存（如图 2-165 所示）。单击按钮 计划录像 、 事件录像 、 命令触发 ，可选择录像类型。

录像类型分为计划录像、事件录像和命令触发 3 种类型。计划录像是指定时录像；事件录像包括移动侦测录像或报警输入触发录像、语音异常、声音陡升、虚焦报警、人脸检测、越界、区域入侵、场景变更等事件；而命令触发则只应用于 ATM 类型设备的交易触发录像。

当鼠标图标变成 时，可对时间轴进行划写编辑。

当鼠标图标变成 时，可移动已配置录像计划。

当鼠标图标变成 时，可修改已配置录像计划。

选中录像计划时间时，会出现时间点设置对话框 05:05 - 12:35 ，用于时间点的精确配置。

图 2-164　视频录像

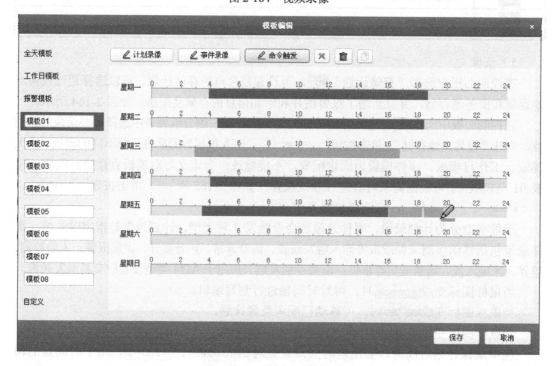

图 2-165　存储计划配置界面

图：删除一段选定的录像计划。

图：清空该模板的所有录像计划。

图：复制选中的录像计划时间段到其他时间点。

如果需要对录像计划进一步配置，可在"录像计划"中的"高级设置"界面对各个监控点设置其他录像参数，包括预录时间、延录时间、录像过期时间等，如图 2-166 所示。

图 2-166 高级设置

各参数具体含义如下。

- 预录时间：事件录像往前预录时间。
- 延录时间：事件录像往后延录时间。
- 录像过期时间：硬盘内录像文件的最长保存时间，超过这个时间将被强制删除，若设置为 0 天则不被进行强制删除。实际保存时间需要根据硬盘可用存储空间来决定。
- 冗余录像：该监控点进行冗余录像备份。
- 记录音频：录像是否记录音频。
- 码流类型：选择录像使用主码流或者子码流。

6）回放

在客户端上支持普通回放、事件回放、ATM 回放和智能回放，但智能回放、ATM 回放、事件回放均需设备支持，故本书将以常规的普通回放为例介绍回放的基本操作。

在控制面板中选择按钮 ，进入远程回放界面。选中某一回放窗口，双击监控点或者将监控点拖入回放窗口，软件默认搜索一周内的录像文件进行回放。在远程回放界面右下角可选择日期，在界面右侧将显示该日期的录像文件列表。选择要查看的录像文件直接双击或者单击按钮 ，即可进行录像回放，如图 2-167 所示。

注：客户端软件最大支持同时查找 16 路监控点录像。

回放控制操作说明如下：

- 回放过程中可对回放录像进行变速回放（1/8X、1/4X、1/2X、1X、2X、4X、8X 可选）。或在回放界面中，右击，选择"加速"或"减速"进行变速回放。回放窗口右上角显示回放变倍数。
- 单击按钮 或右击选择"单帧"，可进行单帧回放。
- 单击按钮 可切换为异步回放，单击按钮 可切换为同步回放。最多支持 16 路同步回放。

图 2-167　录像回放

- 单击按钮 ⊞ 放大回放进度条，单击按钮 ⊟ 缩小回放进度条。
- 单击回放时间条可调整回放时间点。
- 在回放界面中还有打印抓图文件、邮件发送抓图文件、电子放大、抓图、录像等功能，具体设置参照预览。
- 将鼠标移至录像文件上，会显示出录像文件开始时间、结束时间、事件类型等参数。

7）退出

选择主菜单栏中的"文件"→"退出"或者单击左上角的按钮 ✕ ，弹出提示对话框，单击"确认"按钮退出软件系统。

若已启用恢复预览状态，软件系统关闭时如果选中了某个视图再预览，则退出后再次运行可恢复之前的视图；如果未选中视图而仅仅开启某些通道的预览，则无法恢复预览状态。若未启用恢复预览状态，则退出后再次运行不会恢复之前的预览状态。

自我检测

一、填空题

1. 摄像机是视频监控系统的输入设备，它通过＿＿＿＿＿转换，能把监控区域的场景转化为电信号，再通过传输部分传送至控制中心。

2．CCD尺寸是指摄像机光电转换器件的感光面的_____长。

3．控制部分发出的信号经传输部分送至解码器进行译码，驱动_____、_____、_____进行相应的动作，现市面上大多数一体化摄像机都是内置有解码器的。

4．网络硬盘录像机可简称为英文缩写_____。

5．视频综合平台的接地电阻要小于___Ω，视频综合平台的接地点位于主机箱后。

6．查看显示图像，若图像模糊不清，由于采用的是定焦摄像机，因此可直接调整摄像机镜头的_____和_____，直到监视屏幕上的图像清晰为止。

二、选择题

1．NVR支持DHCP协议，如果网络中有DHCP服务器，那么只要在"IP"地址栏内输入（　　），设备启动后就会获取一个动态的IP地址并显示在IP地址栏内。

　　A．0.0.0.0　　　　　　　　　　B．192.168.1.1

　　C．192.168.0.1　　　　　　　　D．10.1.2.35

2．电缆从摄像机引出后必须留有约（　　）m的余量，且用软管做好保护，同时摄像机能够正常转动。

　　A．1　　　　　B．2　　　　　C．3　　　　　D．4

3．安装室外摄像机时，必须使用防雨型的防护罩和云台，可使用膨胀螺栓将支架固定在墙上，且安装高度不低于（　　）m。

　　A．1.5　　　　B．2.5　　　　C．3.5　　　　D．4.5

4．对于室内摄像机，进行吊顶安装时，应使用专业工具对吊顶开孔，使用专业吊杆固定，且安装高度为（　　）m。

　　A．1.5～3　　　B．2.5～3　　　C．3.5～6　　　D．2.5～5

三、判断题

1．信噪比，即信号电压与噪声电压的比值，信噪比越高，干扰对图像显示影响越大。

　　　　　　　　　　　　　　　　　　　　　　　　　　　　（　　）

2．灵敏度，即摄像机正常显示时需要的最暗光线。　　　　　　（　　）

3．视频综合平台的业务板安装时要先安装业务板后接口板，再安装对应的业务板主板，否则可能造成业务板主板针脚弯曲或断裂。　　　　　　　　　（　　）

4．48V直流电源对人体不会造成较大伤害。　　　　　　　　　（　　）

5．NVR的网络参数设置完成并保存后，必须重启设备，设置的网络参数才能生效。

　　　　　　　　　　　　　　　　　　　　　　　　　　　　（　　）

四、简答题

1．你认为视频监控系统是如何构成的？

2．你可以用什么方法从网络硬盘录像机中复制出视频文件？

入侵报警系统

你知道吗？

随着科学技术的进步和人们安全防范意识的增强，在生活和工作的区域环境内部署现代化的入侵报警系统已经越来越重要。入侵报警系统用于实现建筑物外围的全方位管理以及建筑物内重要区域的安全布控，并且与视频监控、公共区域巡更、楼宇自动化等系统联动，利用智能化技术建立起安全、可靠的人居环境，保障人们的人身财产安全。

学习目标

知识目标：

1. 理解入侵报警系统的概念及特点。
2. 掌握入侵报警系统的功能、组成以及工作原理。
3. 熟悉入侵报警系关键产品的功能、特点以及应用。

能力目标：

1. 熟悉入侵报警系统的构成。
2. 识别常见的入侵报警设备产品及熟悉产品应用。

应用场景

通常意义上讲，入侵报警系统是在探测到防范区域内有入侵者时能及时发出报警信号的专用电子系统，一般由报警探测器、传输信道和报警控制器组成。探测器检测到意外情况就产生报警信号，通过传输系统送入报警控制器发出声、光或其他报警信号。

入侵报警系统的应用非常广泛，它通常根据不同的布控区域和报警探测装置来达到人们所必需的安全防范要求。例如，在小区边界围栏上安装周界报警器、在办公区域内安装火灾报警器以及在房屋卧室内安装紧急按钮等，这些都是入侵报警系统的典型应用，如图 3-1 所示。

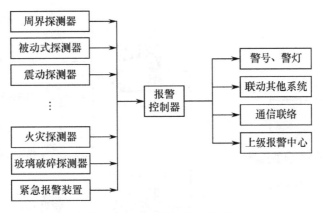

图 3-1 入侵报警系统结构图

 任务分析

　　入侵报警系统是利用传感器技术和电子信息技术探测并指示非法进入或试图非法进入设防区域（包括主观判断面临被劫持、遭抢劫或其他危急情况时，故意触发紧急报警装置）的行为，并且处理报警信息和发出报警信息的电子系统或网络。而配置一套合适的、可靠的入侵报警系统，首先需要认识和了解系统的基本功能、组成及原理等知识，熟悉常用入侵报警设备产品的特点和适用环境，为后面结合用户需求和具体应用环境来设计、安装与调试入侵报警系统做好准备。具体步骤如下：

　　1. 认识入侵报警系统的功能特点。
　　2. 认识入侵报警系统的组成结构。
　　3. 认识入侵报警系统的关键产品。

 认知体验

　　情景模拟：某一居民住宅小区物业部门为了保障居民的人身财产安全和提高小区物业的安全管理，需要购置一套入侵报警系统。该系统要求当有入侵者以非法手段进入防控区域时，系统立即产生报警信号，并且向控制中心显示报警的区域位置。

 认知准备

　　利用入侵报警系统实训装置模拟小区周边护栏以及房屋内部环境。将装置内部的功能转换模块上的所有"演示/实训"开关拨向"演示"位置，"故障/正常"开关全部拨向"正常"位置。此时系统处于演示状态，各设备的硬件连接已按图 3-2 所示完成。

　　打开实训装置电源，开启装置中的计算机，并打开报警控制器完成必要的布控设置，启动电子地图软件，然后完成系统的演示操作。

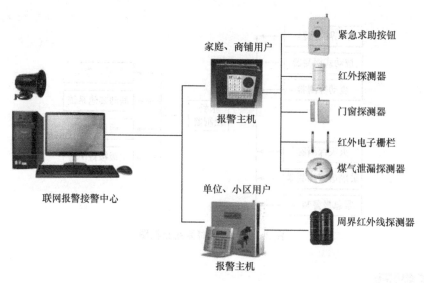

图 3-2　应用体验连接图

应用体验流程图如图 3-3 所示。

图 3-3　应用体验流程图

1．你在生活中见过入侵报警装置吗？请与大家分享一下。

2．入侵报警系统的布设有很多种方式，你能举例说出几个吗？

3．入侵报警系统都是由哪些设备组成的？你能列举一些常见的产品吗？

学习任务一　入侵报警系统的功能认识

知识解析

　　入侵报警系统工程是根据各类建筑中的公共安全防范管理的要求和防范区域及部位的具体现状条件，安装设置红外或微波等各种类型的报警探测器和系统报警控制设备，对设防区域的非法入侵、火警等异常情况实现及时、准确、可靠的探测、报警、指示与记录等功能。一般情况下，入侵报警系统主要实施对公共场合、住宅小区、重要部门（楼宇）及家居安全的控制和管理，如图 3-4 所示。

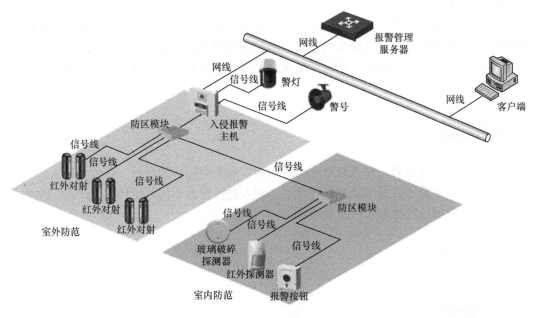

图 3-4 入侵报警系统

当前，入侵报警系统的发展趋势主要体现在报警探测器功能上的多样化和智能化，就像从只具有单一性的和需要人为触发的报警器到具有多功能探测以及自动识别相融合的报警器。因此，报警探测器的发展经历了以下 3 个阶段。

第一代入侵报警系统采用开关式报警器，它防止破门而入的盗窃行为，报警器安装在门窗上。

第二代入侵报警系统采用安装在室内的玻璃破碎报警器和振动式报警器。

第三代入侵报警系统采用空间移动报警器（如超声波、微波、被动红外报警器等），这类报警器的特点是：只要所警戒的空间有人移动就会引起报警。这些入侵报警系统在报警探测器方面有了较快的发展。

各阶段入侵报警系统中的典型报警器如图 3-5 所示。

第一代入侵报警系统　　　第二代入侵报警系统　　　第三代入侵报警系统
开关报警器　　　　　　　振动式报警器　　　　　　被动红外报警器

图 3-5 各阶段的入侵报警系统的典型探测器

入侵报警系统在安全技术防范工作中的作用如下：

（1）入侵报警系统协助人防担任警戒和报警任务，提高了报警探测的能力和效率。

（2）入侵报警系统通过及时探测和明确的反应指示，提高了保卫力量的快速反应能力，可及时发现警情，迅速有效地制止侵害。

（3）入侵报警系统具有威慑作用，犯罪分子不敢轻易作案或被迫采取规避措施，可提高作案成本从而减少发案率。

入侵报警系统代表了"探测—反应"主动防范的思想，本质上它是通过提高人防能力或弥补人防的不足来增强安全防范的效果，因此入侵报警系统是人防的有力辅助和补充，单纯依靠入侵报警系统，或者人防力量配备不到位等情况都将使入侵报警系统的作用降低到"威吓"这一等级。

本任务从日常生活对入侵报警系统的感知和实际的应用体验开始，逐步了解入侵报警系统的概念、应用特点及基本功能。并通过了解入侵报警器不同阶段的典型产品，熟悉入侵报警系统的发展过程和未来的发展趋势。

一、选择题

1. 通常在安全技术防范系统中，是以（　　）子系统为核心的。

　　A．电视监控　　　　　　　　B．入侵报警

　　C．出入口控制　　　　　　　D．报警通信

2. 入侵报警系统是由多个（　　）组成的点、线、面、空间及其组合的综合防护报警体系。

　　A．探测器　　　　　　　　　B．控制器

　　C．报警器　　　　　　　　　D．监控器

二、填空题

1. 入侵报警系统主要由_____、_____和_____3个部分组成。报警系统的探测器在探测到非法入侵时，具有报警及_____。

2. 入侵报警系统的基本功能主要有_____、_____、_____和_____。

3. 防盗入侵系统应能_____，有输出接口，可用手动、自动操作以有线或无线方式报警。系统除应能本地报警外，还应能_____。系统应能与视频安防监控系统、出入口控制系统等联动。

4. 入侵报警系统安全性设计应具备_____、开路、短路报警功能。

三、简答题

1. 什么是入侵报警系统？它的作用有哪些？

2. 入侵报警系统主要包含哪些设备？

学习任务二 入侵报警系统的构建

知识解析

1．入侵报警系统的组成

入侵报警系统负责为建筑物内外各个点、线、面和区域提供巡查报警服务，当在监控范围内有非法侵入时，引起声光报警。入侵报警系统通常由报警探测器、报警控制器（简称"报警主机"）、报警输出执行设备以及传输线缆等部分组成，其中报警探测器、信道、报警控制器是其必不可少的主要组成部分。入侵报警系统的组成如图3-6所示。

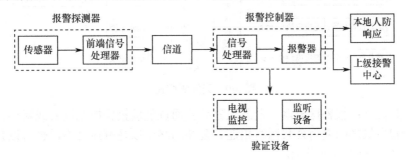

图3-6 入侵报警系统的结构图

2．入侵报警系统的工作原理

报警探测器利用红外或微波等技术自动检测发生在布防监测区域内的入侵行为，将相应信号传输至报警监控中心的报警主机，主机根据预先设定的报警策略驱动相应输出设备执行相关动作，如自动启动监控系统录像、拨打110等。

3．入侵报警系统的组建模式

根据信号传输方式的不同，入侵报警系统组建模式可分为以下模式。

（1）分线制：报警探测器、紧急报警装置通过多芯电缆与报警控制主机之间采用一对一专线相连，如图3-7所示。

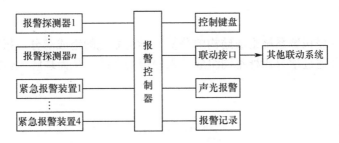

图3-7 分线制模式

（2）总线制：报警探测器、紧急报警装置通过其相应的编址模块与报警控制主机之间采用报警总线（专线）相连，如图3-8所示。

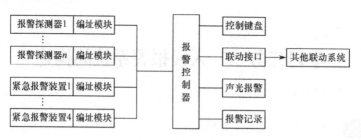

图 3-8　总线制模式

（3）无线制：报警探测器、紧急报警装置通过其相应的无线设备与报警控制主机通信，其中一个防区内的紧急报警装置不得大于 4 个，如图 3-9 所示。

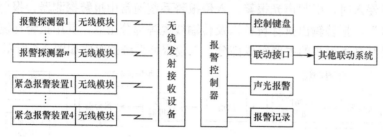

图 3-9　无线制模式

（4）公共网络：报警探测器、紧急报警装置通过现场报警控制设备或网络传输接入设备与报警控制主机之间采用公共网络相连。公共网络可以是有线网络，也可以是有线—无线—有线网络，如图 3-10 所示。

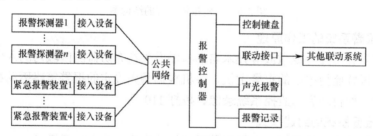

图 3-10　公共网络模式

任务回顾

本任务通过入侵报警系统组成结构的分析，学习系统的组成部分：报警探测器、信道及报警控制器，并通过学习各种不同组成的入侵报警系统，从而理解入侵报警系统的功能与应用。

自我检测

一、选择题

1. 在入侵报警系统的传输功能中，应有与远程中心进行有线和/或无线通信的接口，

并能对通信线路的（　　）进行监控。

    A．信号　　　　　B．数据　　　　　C．声音　　　　　D．故障

2．入侵报警控制器可以接收（　　）发来的报警信号，发出声光报警信号。

    A．探测器　　　B．解码器　　　C．摄像机　　　　D．显示器

3．入侵探测系统的有线传输部分又分为（　　）。

    A．专用　　　　B．公共　　　　C．网络　　　　D．光纤

4．多线制模式又称分线制模式，各报警防区通过多芯电缆与报警控制主机之间采用一对一连接方式，有（　　）线制。

    A．$n+1$　　　B．$n+2$　　　C．$n+3$　　　D．$n+4$

二、填空题

1．入侵报警系统传输方式有分线制传输模式、＿＿＿＿＿＿、＿＿＿＿＿＿、网络传输模式。

2．基于公共网络组建模式的入侵报警系统主要有＿＿＿＿＿＿和＿＿＿＿＿＿两种。

3．报警探测器主要包括＿＿＿＿＿＿和＿＿＿＿＿＿两部分。

三、简答题

1．入侵报警系统的组成结构中有哪些功能设备？其中必要的设备有哪些？

2．请简述入侵报警系统的工作机制。

3．为什么入侵报警系统需要与安防工程中的其他子系统进行联动？

学习任务三　入侵报警系统的关键产品认识

 知识解析

    入侵报警系统是由报警探测器、传输设备、报警控制器、验证设备、上级接警中心以及本地人防力量等配套设备共同组成的完整系统。其中报警探测器是入侵报警系统的关键设备，系统的作用发挥与否主要是依靠前端的报警探测器。传输设备负责保证报警信号和控制信号在系统中进行实时、可靠的传送。报警控制器则接收报警信号并按照预先设计的程序对入侵事件进行处置等。为了更好地熟悉入侵报警系统的功能和应用，本任务通过对上述设备的详细介绍来带领大家认识入侵报警系统的关键产品。

1．报警探测器

    报警探测器主要指各种探测器及紧急报警装置，是用于探测入侵者移动或其他不正常信号的电子和机械部件所组成的装置。它采用了各种各样的传感技术和器件，组成了不同类型、不同用途的传感探测装置，从而满足了不同安全防范目的的需要。

    报警探测器一般安装在监测区域现场，通过探测入侵者移动或其他不正常的信号来产生报警信号源，通常由传感器和信号处理器组成，其核心器件是传感器。传感器是一种物

理量的转换装置。在入侵探测器中，传感器将被测的物理量（如力、压力、重量、应力、位移、速度、加速度、震动、冲击、温度、声响、光强等）转换成相应的、易于精确处理的电量（如电流、电压、电阻、电感、电容等），该电量称为原始电信号。前置信号处理器则是将原始电信号进行加工处理，如放大、滤波等，使它成为适合在信道中传输的信号，称为探测电信号。

传感器在入侵报警系统中占据相当重要的地位，报警探测器采用不同原理制成的传感器件可以构成不同种类、不同用途、达到不同探测目的的报警探测装置。通常报警探测器可以按照传感器的种类、工作原理、工作方式、传输信道（或方法）、警戒范围、应用场合进行分类，如表 3-1 所示。

表 3-1　报警探测器的分类

分类方式	报警探测器的种类
按传感器的种类	磁控开关报警探测器、震动报警探测器、声报警探测器、超声波报警探测器、电场报警探测器、微波报警探测器、红外报警探测器、激光报警探测器、视频运动报警探测器
按工作原理	机电式报警探测器、电声式报警探测器、光电式报警探测器、电磁式报警探测器
按探测器工作方式	主动式报警探测器、被动式报警探测器
按探测电信号传输信道	有线报警探测器、无线报警探测器
按警戒范围	点控制报警探测器、线控制报警探测器、面控制报警探测器、空间控制报警探测器
按应用场合	周界报警探测器、建筑物外层报警探测器、室内空间报警探测器、具体目标监视用报警探测器

常见的报警探测器主要有以下类型。

1）点型报警探测器

点型报警探测器是所有报警装置中最简单、应用最早的一种报警装置。这种报警探测器的报警范围仅是一个点，例如，门、窗、柜台、保险柜等。当这些警戒部位的状态被破坏时，即能发出报警信号，其原理相当于闭合（或断开）一个无源触点开关。

紧急按钮、微动开关、门磁开关等是常见的点型探测器，如图 3-11 所示。

　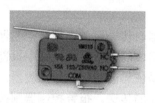　

紧急按钮　　　　　　　微动开关　　　　　　　门磁开关

图 3-11　点型报警探测器

2）直线型报警探测器

直线型报警探测器也称周界报警探测器。直线型报警探测器的警戒范围是一条线、两条线或更多条线，都是线状的控制形式，在这条警戒线上的警戒状态被破坏时，发出报警信号。最常用的直线型报警探测器为对射型微波报警探测器、主动红外报警探测器、激光报警探测器、双技术周界报警探测器、电场感应周界报警探测器等，如图 3-12 所示。

主动红外入侵探测器 　　　　　　激光入侵探测器

图 3-12　直线型报警探测器

3）面型报警探测器

面型报警探测器的警戒范围是一个面，当警戒面上检测到入侵行为时，探测器被触发并发出报警信号。面型入侵探测器主要有平行线电场畸变探测器和带孔同轴电缆电场畸变探测器两种。

平行线电场畸变探测器由传感器、支撑杆、中间支柱、跨接件和传感器电子线路组成，适用于户外周界报警，具有高安全性能和超低误报率。

带孔同轴电缆电场畸变探测器由两根平行的带孔同轴电缆和电子装置组成，具有探测率高、抗干扰能力强的特点。入侵者无论采用什么方式，移动速度快或慢，都能被探测到，不会漏报或误报。典型的面型报警探测器如图 3-13 所示。

栅栏式被动红外入侵探测器　　　　　　震动入侵探测器

图 3-13　面型报警探测器

4）空间型报警探测器

空间型报警探测器的警戒范围是一个空间，当被探测目标入侵所防范的空间时，即发出报警信号。

常见的空间型报警探测器有被动式红外探测器，其他的有声控入侵探测器、声发射探测器、次声波探测器、超声波探测器、微波多普勒空间探测器、视频报警器、双技术与双功能探测器。总而言之，这些探测器能够探测在一个空间中产生的报警信号，监测整个防范空间。空间型报警探测器如图 3-14 所示。

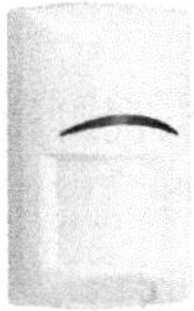

被动红外入侵探测器 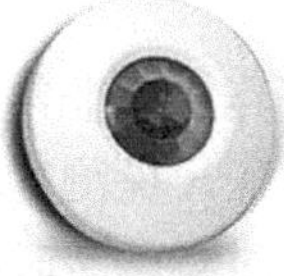　　　　　　吸顶式被动红外探测器

图 3-14　空间型报警探测器

5）震动型报警探测器

当入侵者进入设防区域，引起地面、门窗的震动，或入侵者撞击门、窗、保险柜面引起震动时，以这些震动信号来触发报警的探测器称为震动入侵探测器。

震动型探测器用于点控、面控和线控（周界）。用于周界防范时需经一定的组合方能生效，因而主要用于面控。

震动型探测器常用的有电动式震动型探测器和压电式震动型探测器两种，如图3-15所示。

震动探测器 　　　　　　　　玻璃破碎探测器

图 3-15　震动型报警探测器

6）双技术与双功能探测器

双技术探测器和双功能探测器一样，是将两种不同探测原理的技术组装在一起的探测器，如图3-16所示。

壁挂式双鉴探测器 　　　　　　吸顶式双鉴探测器

图 3-16　双技术与双功能探测器

双技术报警器产生的起因是由于单一类型的探测器误报率较高，多次误报将会引起人们的思想麻痹，产生了对防范设备的不信任感。为了解决误报率高的问题，有人提出互补探测技术方法，即把两种不同探测原理的探头组合起来，进行混合报警。这种互补双技术方法可以使误报的可能性大大减小，有效地提高了抗干扰能力，即具有"双重鉴别"能力，因而被广泛应用。

双功能探测器与双技术探测器的不同之处，是其中的两种技术执行着各自的任务，即监视着各自的目标，有不同的功能，不像双技术探测器中的两种技术同时监视着同一个目标。双功能探测器具有较高的使用价值，一器两用，经济又实惠，非常适用于装有大玻璃的建筑物内，例如，商店、展厅、饭店、办公楼等场合。

7）视频移动探测器

视频移动探测器的工作原理非常简单，如果在摄像机视野范围内有物体运动，必然会引起视频信号对比度的改变，探测器利用类比数字转换器，把对比度的变化转换成数字信号储存在存储器中，然后对有一定时间间隔的两个图像进行比较，如果有很大的差异，则说明有物体移动，从而检测出在这段时间内是否有警情发生。视频移动探测器又分为外置式视频移动探测器和内置式视频移动探测器。

（1）外置式视频移动探测原理。

外置式视频移动探测器实际上由贴于监视器屏幕上的光敏元件硫化镉来检测视频图像的变化。值得一提的是，此种移动检测方式并非直接对视频信号进行检测，而是对视频信号形成的图像（亮度）进行检测，因而从某种意义上来说，该装置最终是实现了视频移动检测器的功能。

（2）内置式视频移动探测原理。

内置式视频移动探测器直接对视频信号进行取样，并与常态数据进行比较，当比较结果出现异常时自动启动报警装置。

2．信道

信号传输媒介又称信道，包括传输电缆以及数据采集和处理器（或地址编解码器/发射接收装置）。传输部分的基本功能是将前端的报警探测器产生的报警信号实时、可靠地传送到后端的报警控制器。此外，入侵报警系统传输部分还可增加一些控制信号的传输，比如报警探测器的故障报警信号、报警控制器发出的轮询信号等。从广义角度看，传输部分的功能还包括从后端向前端的报警探测器提供供电的能量传输。

信道的种类较多，通常分为有线信道和无线信道。有线信道是指探测电信号通过双绞线、电话线、电缆或光缆向控制器或控制中心传输。无线信道则是对探测电信号先调制到专用的无线电频道并由发送天线发出，控制器或控制中心的无线接收机将空中的无线电波接收下来后，解调还原出控制报警信号。

信道的范围有狭义和广义之分。仅指传输信号的媒介称为狭义信道。把除包括传输媒介外，还包括从报警探测器输出端到报警控制器输入端之间的所有转换器（如发送设备、编码发射机、接收设备等）在内的扩大范围的信道称为广义信道，如图 3-17 所示。

图 3-17　广义的信道结构图

1）有线信道

在报警器中常用的有线信道有如下两种。

（1）专用线。

专用线连接每个报警探测器和报警接收中心的线路，只作为传输该系统的探测信号用，不作他用。一般常用的有双绞线、电缆、通信电缆。专用线是我国目前大量采用的信道。专用线有并行传输的多线制和串行传输的总线制两种。总线制线数最少有两根，既作电源传输用又作信号传输用。常用的是 4 根线，电源线和信号线分开，也有 6 根线或更多一点的。串行总线制比并行传输的多线制对整个入侵报警系统工程的设计、施工和节省导线上优越得多，尤其是对大、中型工程来说优越性更加显著。

（2）借用线。

一些已经建设好的建筑物内已有各种传输线网络，如 220V 的照明线路、电话及电视共用的天线线路等。若能借此传输入侵报警系统的探测信号，也是入侵报警系统的设计者和施工者们所希望的。人们根据实际需要研制了能利用已有线路传输入侵报警探测信号的相关设备，如电话报警器，平时作为电话用，有情况时可作为报警器用。

2）无线信道

无线信道将报警探测器输出的探测电信号经过调制，用一定频率的无线电波向空间发送，并被报警控制器所接收。控制中心将接收信号分析处理后，发出报警和判定报警部位。

探测器在正常状态下一般不发射无线电波，而在报警状态下发射无线电波的模式主要有调幅与调频两种方式。

3. 报警控制器

报警控制器又称报警控制主机，包含控制主板、电源、声光指示、编程、记录装置、信号联动及通信接口等。报警控制器的主要作用是接收报警探测器的信号并进行处理，以断定是否应该产生报警状态以及按预先设置的程序驱动相关设备完成相应的显示、控制、记录和通信功能，如发出声光报警信号、与监视系统实现联动、控制现场的灯光、将警情信息传送到上一级的报警控制中心、记录报警事件和相应的视频图像等。此外，报警控制器还可以使用操作键盘等手段提供安全防范报警系统防区的布防和撤防操作，以及对系统内的每个防区功能进行编程，同时还可以向所连接的探测器提供工作电压。

报警控制器由信号处理和报警装置组成。报警信号处理是对信号中传来的探测电信号进行处理，判断电信号中"有"或"无"情况，输出相应的判断信号。若探测电信号中含有入侵者的入侵信号时，则信号处理器发出报警信号，报警装置发出声或光报警，引起安保人员的警觉。报警控制器如图 3-18 所示。

图 3-18　报警控制器

报警控制器的功能主要有以下几个方面。

（1）布防与撤防功能。

报警控制器可手动布防或撤防，也可以定时对系统进行自动布防、撤防。在正常状态下，监视区的探测设备处于撤防状态，不会发出报警。而在布防状态下，如果探测器有报警信号向报警控制器传来，则立即报警。

（2）布防延时功能。

如果布防时操作人员尚未退出探测区域，那么就要求报警主机能够自动延时一段时间，等操作人员离开后布防才生效，这是报警控制器的布防延时功能。

（3）防破坏功能。

当出现有人对报警线路和设备进行破坏、发生线路短路或断路、设备被非法撬开等情况时，报警控制器会发出报警，并能显示线路故障信息。

（4）报警联动功能。

遇有报警时，报警控制器的编程输出端可通过继电器接点闭合执行相应的动作，将报警信号经通信线路以自动或人工拨号方式向上级部门或安保部门转发，以便快速沟通信息或组网，特别是重点报警部位应与闭路电视监控系统联动，自动切换到该报警部位的图像画面，自动录像。

（5）自检保护功能。

报警控制器应能对报警系统进行自检，使各个部分处于正常工作状态。报警控制器的机壳应有挂锁或锁控装置（两路以下例外），机壳上除密码按键及灯光显示外，所有影响功能的操作机构均应放在箱体之内。为了实现区域性的防范，通常把几个需要防范的小区联网到一个报警中心，一旦出现危险情况，可以集中力量打击犯罪分子。各个区域的报警控制器的电信号，通过电话线、电缆、光缆，或用无线电波传到控制中心。同样，控制中心的命令或指令也能回送给各区域的报警值班室，以加强防范的力度。控制中心通常设在市、区的公安保卫部门。

（6）电源适应功能。

报警控制器应有较宽的电源适应范围，当主电源电压为-15%～+15%时，不需调整仍能正常工作。入侵报警控制器应有备用电源，当主电源断电时能自动转换到备用电源上，而当主电源恢复后又能自动转换到备用电源上。转换时控制器仍能正常工作，不产生误报。

（7）复核功能。

由于入侵探测器有时会产生误报，通常报警控制器对某些重要部位的监控采用声控和电视复核，提高报警的可靠性。

根据用户的管理机制和对报警的要求，入侵报警控制器分为小型报警控制器、区域入侵报警控制器和集中式入侵报警控制器。

（1）小型入侵报警控制器。

对于一般的小型用户，其防护的区域很少，如写字楼里的小公司，学校的财会、档案室，较小的仓库等。这些区域都可采用小型报警控制器，如图3-19所示。

图3-19　小型入侵报警控制器

小型入侵报警控制器一般功能：

① 能提供 4～8 路报警信号，功能扩展后，能从接收天线接收无线传输的报警信号。

② 能在任何一路信号报警时发出声光报警信号，并能显示报警方位、时间。

③ 对系统有自查能力。

④ 市电正常供电时能对备用电源充电，断电时能自动切换到备用电源上，以保证系统正常工作，另外还有欠压报警功能。

⑤ 具有 5～10min 延迟报警功能。

⑥ 能向区域报警中心发出报警信号。

⑦ 能存放 2～4 个紧急报警电话号码，发生报警情况时，能自动依次向紧急报警电话发出报警信号。

（2）区域入侵报警控制器。

对于防范要求较高的高层写字楼、住宅小区、大型仓库等场所，可采用区域入侵报警控制器。区域入侵报警控制器除了具有小型入侵报警控制器的全部功能外，还有更多的控制端，如图 3-20 所示。

图 3-20　区域入侵报警控制器

区域入侵报警控制器有效地利用了计算机技术，实现了输入信号的总线制。例如，探测器根据安置地点，实现统一编码，探测器的地址码、信号及供电由总线完成，从而大大节省了工程的安装量。此外，每路输入总线上可挂接 128 个探测器，而且每路总线上都有短防接口，当某电路发生故障时，控制中心自动判断故障部位。当发出报警信号后，能够直接传送到控制中心的 CPU。在报警显示板，电发光二极管显示报警部位，同时驱动声光报警电路，及时把报警信号送到外设备通信接口，按原先存储的报警电话，向更高一级的报警中心报警。

（3）集中式入侵报警控制器。

集中式入侵报警控制器适用于大型和特大型报警系统，它能接收各个区域控制器送来的信息，同时向各个区域控制器发送控制指令。此外，集中式入侵报警控制器还能够直接切换任何一个区域控制器送来的声音和图像信号。由于集中式入侵报警控制器和多个区域入侵报警控制器联网，具有存储量大和更先进的联网功能，并结合计算机、通信、控制、互联网等领域的先进技术，从而充分满足报警的实际需要，如图 3-21 所示。

集中入侵报警控制器

计算机报警控制画面

联网控制中心

图 3-21　集中入侵报警控制器

4. 验证设备

验证设备及其系统，即声、像验证系统，由于报警器不能做到绝对不误报，所以往往附加电视监控和声音监听等验证设备，以确切判断现场发生的真实情况，避免警卫人员因误报而疲于奔波。电视验证设备又发展成为视频运动探测器，使报警与监视功能合二为一，减轻了监视人员的劳动强度，如图 3-22 所示。

电视监控设备

声音监听设备

图 3-22　验证设备

5. 配套设备

一个完善而有效的入侵报警系统一定是技术防范配合人力防范的完美结合，通过入侵报警系统优异的探测性能及时发现风险事件并向人防力量迅速发出准确的警报信号，人防力量的反应可以更快速、更准确。

本地人防响应力量根据报警控制器发出的报警信号，迅速前往事发地点进行安全处置行动，中断其入侵行为。此外，入侵报警系统控制中心还需要与更高层次的公安部门的机动力量保持联动，以便在必要时做出较大规模的行动。对于各企事业单位，应根据其规模的大小，自行组成相应的监控中心，且与区域性的监控中心联网。只有这样，才能对入侵者形成一种威慑力量。

任务回顾

本任务通过具体学习入侵报警系统的各类关键产品的分类、功能特点以及主要技术参数等，理解入侵报警系统构成的各设备的性能与应用，并掌握各设备的用途与使用方法。

 自我检测

一、选择题

1. 下列属于报警器的主要技术性能指标的有（　　）。
   A. 探测率　　　　　　　　　　B. 分辨率
   C. 实时性　　　　　　　　　　D. 探测范围

2. 在下列探测器中可用于室内也可用于室外的探测器为（　　）。
   A. 超声波　　　　　　　　　　B. 主动红外
   C. 被动红外　　　　　　　　　D. 平行线电场

3. 下列报警器中属于被动式报警器的是（　　）。
   A. 振动　　　　　　　　　　　B. 超声波
   C. 微波　　　　　　　　　　　D. 电场

4. 入侵探测系统的传输部分上传信号有（　　）。
   A. 报警信号　　　　　　　　　B. 控制信号
   C. 设置信号　　　　　　　　　D. 状态检测信号

二、填空题

1. 入侵报警系统的探测器工作方式分为＿＿＿＿＿＿＿＿和＿＿＿＿＿＿＿＿两大类。
2. 报警控制器由＿＿＿＿＿＿＿＿和＿＿＿＿＿＿＿＿组成。
3. 被动式红外线探测器有＿＿＿＿＿＿＿和平面型两种。
4. 门磁探测器采用微动开关或磁控干簧开关，安装在＿＿＿＿＿＿处，运行探测报警。
5. ＿＿＿＿＿＿＿是需要进行实体防护或/和电子防护的某区域的边界。

三、简答题

1. 常见入侵探测器有哪些种类？各有什么特点？
2. 报警探测器按警戒范围分为哪些种类？
3. 报警控制器的主要作用有哪些？
4. 报警系统的传输系统中，传输的信号主要是什么？

学习任务四　入侵报警系统的安装与调试

 操作学习任务

某小区入侵报警系统设计示意图如图 3-23 所示。

根据图 3-23，完成该入侵报警系统的安装与调试工作。

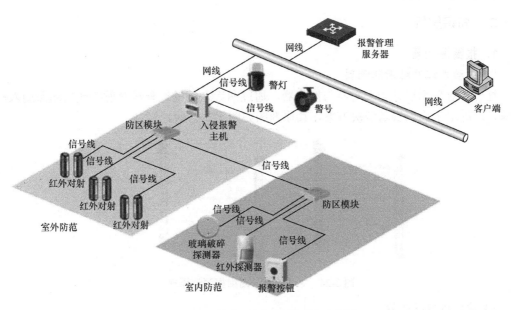

图 3-23　某小区入侵报警系统示意图

系统构成分析

一、系统构成

1．报警探测器

报警探测器的类型、数量与安装位置如表 3-2 所示。

表 3-2　报警探测器的类型、数量与安装位置

报警探测器	数　　量	安 装 位 置
主动式红外对射探测器	3 对	室外指定位置
玻璃破碎探测器	1 个	室内指定位置
被动式红外微波双鉴探测器	1 个	室内指定位置
报警按钮	1 个	室内指定位置

2．防区模块

整个入侵报警系统包括两个防区模块，一个用于连接室外的主动式红外对射探测器，另一个用于连接室内的探测器。

3．报警信号输出

整个入侵报警系统设计两个报警信号输出设备，一个是警号，另一个是警灯。

4．入侵报警控制主机

控制入侵报警系统的运行直接与两个防区模块、报警信号输出设备连接，并通过网线连入整个安防系统。

5．入侵报警系统连接

采用 RS485 总线连接。

二、知识解析

1. 报警探测器

1）主动式红外对射探测器

红外对射探测器分为发射器与接收器，通过两者之间的红外线对射实现主动探测入侵对象，广泛用于周界安防解决方案，其原理图如图3-24所示

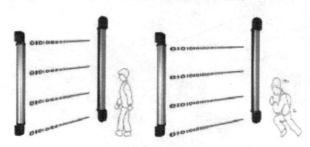

图3-24　主动式红外对射探测器原理

2）玻璃破碎探测器

玻璃在破碎时，会发出特有的高频声音（10～15kHz），玻璃破碎探测器对这种频率范围的声音可以进行有效的探测，而对低频声音信号（10kHz以下）则可以进行有效的过滤，广泛用于室内安装有玻璃窗的关键空间安防，图3-25所示为典型的玻璃破碎探测器的外形。

图3-25　玻璃破碎探测器

3）被动式红外微波双鉴探测器

双鉴探测器结合了微波与红外线探测器的优点，又称双技术探测器或者复合式探测器，可以有效降低误报率与漏报率，广泛用于室内关键空间的安防，图3-26所示为典型的红外微波双鉴探测器的外形。

图3-26　被动式红外微波双鉴探测器

4）报警按钮

手动报警按钮以手动的方式对入侵行为进行报警，以帮助报警控制主机确定报警位置。有的报警按钮还配有电话接口，可以更为清楚地报告入侵状况，报警按钮广泛用于需要人工触发的入侵报警状况，特别是火灾信号。图 3-27 给出了几种典型的报警按钮。

图 3-27　报警按钮

2. 报警控制主机具备的功能

报警控制主机也常称为报警控制器，其底层是各种探测器。报警系统控制主机在接收到报警信号后按设置程序执行警报的就地处理并发出声光报警信号，同时与监控系统实现联动，控制现场的灯光并记录报警事件和相应的视频图像，之后将相关信息上传到报警监控中心。

3. 报警主机的布防与撤防

在正常状态时，监视区的探测设备处于撤防状态，不会发出报警；而在布防状态，如果探测器有报警信号向报警控制主机传来，就立即报警。如果布防时人员尚未退出探测区域，报警控制器能够自动延时一段时间，等人员离开后布防才生效，这是报警控制主机的布防延时功能。

4. 报警系统的防破坏功能

防破坏功能是指如果有人对报警线路和设备进行破坏，线路发生短路或断路、非法撬开等情况时，报警系统控制主机会发出报警，并能显示线路故障信息。

5. 报警主机的联网功能

报警系统控制主机具有通信联网功能，使区域性的报警信息能上传到报警监控中心，由监控中心的计算机来进行资料分析处理，并通过网络实现资源的共享及异地远程控制等多方面的功能，大大提高系统的自动化程度。

三、系统分析

根据以上分析可知，图 3-23 所示的入侵报警系统由 3 对主动式红外对射探测器、1 个被动式红外微波双鉴探测器、1 个玻璃破碎探测器与 1 个报警按钮构成。其中，主动式红外对射探测器负责室外的周界防护，其他探测器负责室内的入侵报警防护，所有报警探测器都由 RS485 总线接入各自的防区模块，再接入控制主机。报警信号输出系统包括警号与警灯。

系统安装与调试

一、系统安装

1. 设备安装现场勘测

在进行系统设备安装与调试之前，需指派相关专业人员进行现场勘察，必要时，对现场环境进行适当清理，为后期的设备安装与调试工作做好准备。

主要勘察内容包括以下方面。

1）周边环境

对周边环境进行勘察的目的是确定周围环境是否存在不利于各种室外入侵报警探测器安装的情况，是否需要事先进行环境清理。

具体的勘察内容包括：周边的建筑物情况、道路通行情况、离最近的警务值勤点的距离，以及周边的强电、强光、强磁干扰等信息。

室外勘察结果包括：室外探测器的最佳安装方案和相应的室外走线方案，如需现场清理，还需要制定最佳清理方案等。

2）内部环境

对内部环境进行勘察的目的是确定室内环境是否存在不利于各种室内入侵报警探测器安装的情况，是否需要事先进行内部清理。

具体的勘察内容包括：建筑的内部结构、进出通道及门窗等信息。

内部勘察结果包括：各种室内入侵报警探测器的安装位置与相应的信号、电源走线方案，以及报警主机及相关附属设备的安装方案等。

3）通信与电源环境

对通信与电源环境进行勘察的目的是确定是否存在通信与供电条件的安全隐患，是否存在冗余方案，以及相应系统的可靠性。

具体的勘察内容包括：通信与供电设备位置情况、走线情况、供电电源冗余情况，以及安全隐患等信息。

通信与电源环境的勘察结果包括：通信与供电系统的走线方案、冗余系统的改造和系统可靠性的改进方案（如有必要），以及与入侵报警系统的连接方案等。

2. 连接入侵报警系统电路

入侵报警系统的设备连接如图 3-28 所示，根据接线图完成安装连接任务。

3. 入侵报警系统的安装

1）报警主机与防区扩展模块

在安装报警主机与防区扩展模块时，应遵循如下原则：

（1）控制主机安装位置要适当隐蔽，并应该使用面板锁和防拆开关。

（2）键盘的安装高度应方便用户操作，其位置应在最后一个出口处。

（3）变压器、电池、电话断线防拆器应安装在控制主机内。

（4）电话线的走线要合理、信号要可靠，控制主机前不允许存在电话副机，重点要害单位和部门应配备专用报警电话。

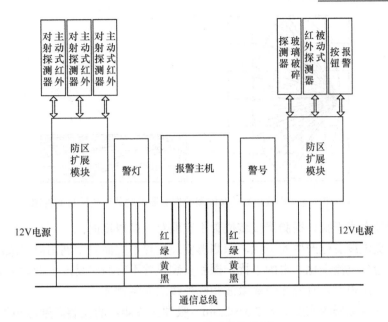

图 3-28　入侵报警系统接线图

2）入侵报警探测器

（1）室外主动式红外对射探测器。

室外主动式红外对射探测器安装示意图如图 3-29 所示。

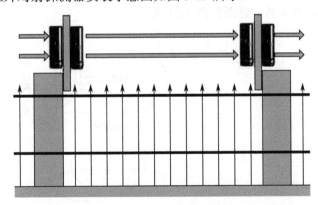

图 3-29　室外主动式红外对射探测器安装示意图

在安装室外主动式红外对射探测器时，应遵循以下原则：

① 发射器与接收器应水平安装，之间无遮挡；

② 接收器需要背光、背墙安装，防止反射光干扰；

③ 叠加安装情况下，应防串扰。

（2）被动式红外微波双鉴探测器。

被动式红外微波双鉴探测器分为吸顶式与壁挂式，以壁挂式为例，安装示意图如图 3-30 所示。

在安装室内被动式红外微波双鉴探测器时，应遵循以下原则：

① 严格根据产品性能参数或说明书来确定安装高度；

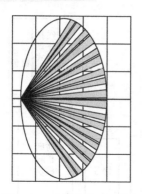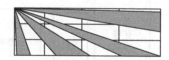

图 3-30　壁挂式被动红外微波双鉴探测器的安装顶视图与侧视图

② 为避免杂光干扰，探测器安装位置不宜面对玻璃或镜面；

③ 为避免温度变化产生的干扰，探测器安装位置不宜面对空调出风口或冷热源；

④ 为了避免气流变化产生的干扰，探测安装位置不宜面对易产生摆动的大型物体；

⑤ 探测范围内不得有能够隔离微波和红外线的大型物体；

⑥ 壁挂式探测器的高度宜为 2.3～2.5m，吸顶式探测器的安装高度应小于 4m；

⑦ 壁挂式探测器的防范角度大约为 80°，一般宜安装在墙角，吸顶式探测器一般宜安装在天花板的中部；

⑧ 壁挂式探测器应使用安装支架，以便于调节方向。

（3）玻璃破碎探测器。

玻璃破碎探测器的安装示意图如图 3-31 所示。

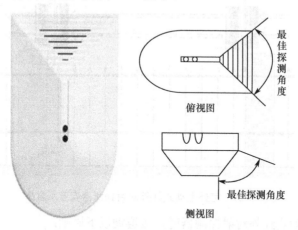

图 3-31　玻璃破碎探测器的安装示意图

在安装玻璃破碎探测器时，应遵循以下原则：

① 探测器的声电传感器应正对主要警戒方向；

② 探测器应尽量靠近所保护的玻璃，同时应远离干扰噪声，以降低误报率；

③ 根据所保护的玻璃类别，选择正确的玻璃破碎报警器；

④ 探测器应避开能吸收玻璃破碎所发出的能量及声音的遮盖物，比如厚重的窗帘与百叶窗之类的物体；

⑤ 探测器尽量避开通风设备，以提高其可靠性。

（4）报警按钮。

报警按钮的安装示意图如图 3-32 所示。

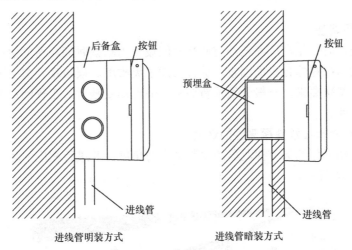

进线管明装方式　　　　　　进线管暗装方式

图 3-32 报警按钮的安装示意图

在安装报警按钮时，应遵循以下原则：

① 紧急按钮的位置既要隐蔽，又要便于操作，其底边距地（楼）面高度宜为 1.3～1.5m；

② 报警按钮应安装牢固，不应倾斜；

③ 每个防区应至少设置一个报警按钮。

二、系统调试

1. 室外主动式红外对射探测器的调试

室外主动红外对射探测器内部结构如图 3-33 所示。

图 3-33 室外主动式对射探测器内部结构

1）发射器光轴调整

打开探测器的外罩，观察瞄准器内的影像情况，反复调整探测器的镜片系统，使瞄准器中对方探测器的影像落入瞄准器的中央位置。发射器的光轴调整对探测器的性能影响很大，必须按照正确步骤仔细调整到最佳状态。

2）接收器光轴调整

第 1 步：按照"发射器光轴调整"方法对接收器的光轴进行初步调整，直至套头光轴

重合状况良好，发射器、接收器功能正常。

第2步：用万用表测量接收器上的感光电压，同时反复调整镜片系统使感光电压值达到最大。

3）遮光时间调整

探测器在出厂时，生产厂商已经将遮光时间设置为默认时间。通常情况下，这个时间结合了环境因素与探测器自身的因素，综合考虑了灵敏度、误报率及漏报率等指标，是比较合适的，如无特殊要求，一般无须重新调整，但现场安装时，工程师也可根据实际情况自行调节遮光时间。

2. 被动式红外微波双鉴探测器的调试

（1）按照说明书仔细调节探测器的安装高度与角度，并进行相应的测试，保证防区没有盲区，如图3-34所示。

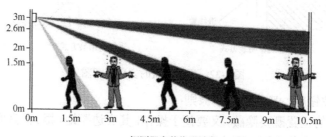

探测器安装位置过高

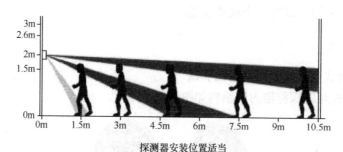

探测器安装位置适当

图3-34　被动式红外微波双鉴探测器的调试

（2）根据现场的实际情况，调节红外与微波探测的灵敏度，降低误报率与漏报率。

3. 玻璃破碎探测器的调试（见图3-35）

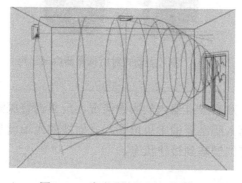

图3-35　玻璃破碎探测器的调试

（1）按照说明书仔细调节探测器的安装高度与角度，使探测器的声电传感器正对所防护的玻璃。

（2）根据现场的实际情况，调节探测器的声电传感器灵敏度，并进行相应的声音测试（比如轻敲玻璃、正常冲撞墙壁等），降低探测器的误报率与漏报率。

4．测试入侵报警主机及整个入侵报警系统

（1）测试电路联通情况。

（2）测试电路正常阻抗，确保无短路、断路情况。

（3）逐个防区调试，确保主机收到准确报警信息，并发出正确的报警信号。

（4）现场调试完毕后，进行与报警中心的联网调试。

本任务通过一个具体的小区入侵报警系统，参与探索系统组成的各个具体设备的安装与调试过程，以及整个入侵报警系统的运行调试，从而理解入侵报警系统的常用结构、各设备的功能应用并掌握安全施工基本规范，提高对网络安防系统的理解与动手操作能力。

一、单项选择题

1．入侵报警系统是由多个（　　　）组成的点、线、面、空间及其组合的综合防护报警体系。

　　A．探测器　　　　B．控制器　　　　C．报警器　　　　D．监控器

2．入侵探测器在正常气候环境下，连续（　　　）工作应不出现误报、漏报。

　　A．1天　　　　　B．3天　　　　　C．5天　　　　　D．7天

3．报警系统紧急报警、入侵报警及防破坏报警响应时间应不大于（　　　）。

　　A．2s　　　　　B．3s　　　　　C．4s　　　　　D．5s

4．入侵探测报警系统在正常工作条件下平均无故障工作时间分为A、B、C、D四级，各类产品的指标不应低于A级的要求，A级要求的平均无故障工作时间为（　　　）小时。

　　A．1000　　　　B．2000　　　　C．5000　　　　D．10000

5．在防护区域内入侵探测器盲区边缘与防护目标的间距不得小于（　　　）m。

　　A．2.5　　　　　B．5　　　　　C．10　　　　　D．20

6．当一个或多个设防区域产生报警时，分线制入侵报警系统的响应时间不大于（　　　）。

　　A．1s　　　　　B．2s　　　　　C．3s　　　　　D．4s

7．在入侵报警系统的传输功能中，应有与远程中心进行有线和/或无线通信的接口，并能对通信线路的（　　　）进行监控。

　　A．信号　　　　　B．数据　　　　　C．声音　　　　　D．故障

8．主动红外报警器的报警时间阈值主要是根据（　　　）参数设定的。

A．正常人跑动的速度　　　　　　B．正常人的平均高度

C．正常人的体形　　　　　　　　D．正常人的体重

9．主动红外探测器在室外使用时，对其作用距离影响最人的有（　　　）。

A．雪　　　　　B．雾　　　　　C．大风　　　　D．大雨

10．被动红外探测器应能探测到参考目标移动的速度范围是（　　　）。

A．0.1～1m/s　　　　　　　　　B．0.2～2m/s

C．0.3～3m/s　　　　　　　　　D．0.4～4m/s

11．微波被动红外双鉴探测器采用"与门"关系报警，所以误报警率比单技术探测器少得多。最佳的安装方位足以兼顾两个探测单元的报警需要，即（　　　）安装。

A．30°　　　　B．45°　　　　C．60°　　　　D．80°

12．在主动红外探测器中，适当选择有效报警最短遮光时间，可排除（　　　）。

A．树叶浮落　　　　　　　　　　B．小鸟飞过

C．大雪　　　　　　　　　　　　D．大雨天气的噪扰报警

13．夜间打开日光灯，会引起主动红外报警器的（　　　）。

A．误报警　　　　B．漏报警　　　　C．仍正常工作

14．在下列报警器中属于被动式报警器的是（　　　）。

A．振动　　　　B．超声波　　　　C．微波　　　　D．电场

15．选择报警探测器时，警戒范围要留有（　　　）的余量。

A．15%～20%　B．25%～30%　C．35%～40%　D．越大越好

二、判断题

1．入侵报警系统应尽可能提升误报率，并不应发生漏报警。　　　　　　　（　　　）

2．入侵报警系统所使用的设备，其平均无故障间隔时间（MTBF）不应小于 5000h。系统验收后首次故障时间应大于 2 个月。　　　　　　　　　　　　　　　　（　　　）

3．按信道分，报警器可分为有线报警器和无线报警器。　　　　　　　　　（　　　）

4．选择探测器时，警戒范围要留有 20%～40%的余量。　　　　　　　　（　　　）

5．被动式探测器是不向外辐射能量，只接收被测现场能量变化，并把这种变化转换成报警电信号的装置。　　　　　　　　　　　　　　　　　　　　　　　　　（　　　）

出入口控制系统

你知道吗？

出入口控制系统是安全防范系统的重要组成部分。视频监控系统和入侵报警系统并不能主动阻挡非法入侵，其作用主要是在遭受非法入侵后及时发现并由人工来处理，即被动报警。而出入口控制系统则可以将没有被授权的人员阻挡在区域外，主动保护区域安全，实现了人员出入的自动控制，满足了人们对社会公共安全与日常管理的双重需要，是现代信息科技发展的产物，是数字化社会的必然趋势。

学习目标

知识目标：

1. 掌握出入口控制系统的概念。
2. 理解出入口控制系统的功能、组成、工作原理。
3. 熟悉出入口控制系统的主要设备的功能、特点及应用。

能力目标：

1. 能够理解出入口控制系统不同组成形式的特点，能根据实际情况进行出入口控制系统方案的粗略选取。
2. 具备对常见出入口控制系统关键产品的功能、指标等识别能力。

应用场景

从广义上讲，出入口控制系统是对人员、物品、信息流动的管理，它所涉及的应用领域和产品种类非常多。不同人群对出入口的出入目标类型、重要程度及控制方式等应用需求不同，出入口控制系统也有多种不同的形式。例如，大楼门口的刷卡门禁系统和访客对讲系统、停车场内的停车场管理系统、公司考勤用的指纹考勤管理系统、地铁、车站的道闸流量控制系统、商场、图书馆的电子标签防盗系统等，都是出入口控制系统的典型应用，其典型的结构组成如图 4-1 所示。

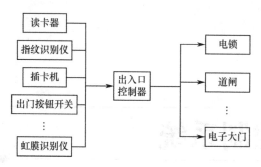

图 4-1 出入口控制系统组成结构图

任务分析

出入口控制系统采用现代电子设备与软件信息技术，在出入口对人或物的进、出进行放行或拒绝、记录和报警等控制操作，对出入人员编号、出入时间、出入门编号等情况进行登录与存储，从而确保管理区域的安全，实现智能化管理。而配置一套合适的、可靠的出入口控制系统首先需要认识和了解系统的基本功能、组成、特点及原理等知识，熟悉常用出入口控制设备的特点和适用环境，为后面结合用户的需求和具体的应用环境来设计、安装与调试出入口控制系统做好准备。具体的任务步骤如下：

（1）认识出入口控制系统的系统功能。

（2）认识出入口控制系统的结构组成。

（3）认识主要的出入口控制系统设备产品。

认知体验

模拟情境：某大楼门口安装了感应刷卡加密码式出入口控制系统，下面通过具体操作来引导大家认知体验一下出入口控制系统的主要功能。

认知准备

可正常工作的某感应刷卡加密码式四门区出入口控制系统，预先设置调试成：卡片 1、2 在 1 号刷卡机刷卡成功均可打开 1 号门锁，卡片 2 在 2 号刷卡机刷卡成功后需再输入正确密码后方可打开 2 号门锁，卡片 3 在任意一台刷卡机刷卡成功后均可打开对应门锁。（预先设置的卡片与门锁的开门对应关系如图 4-2 所示。）

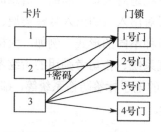

图 4-2 预先设置的卡片与门锁的开门对应关系

认知步骤

出入口控制系统的认知过程如图 4-3 所示。

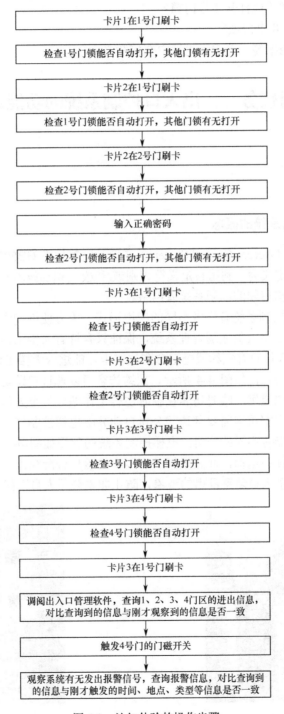

```
卡片1在1号门刷卡
        ↓
检查1号门锁能否自动打开，其他门锁有无打开
        ↓
卡片2在1号门刷卡
        ↓
检查1号门锁能否自动打开，其他门锁有无打开
        ↓
卡片2在2号门刷卡
        ↓
检查2号门锁能否自动打开，其他门锁有无打开
        ↓
输入正确密码
        ↓
检查2号门锁能否自动打开，其他门锁有无打开
        ↓
卡片3在1号门刷卡
        ↓
检查1号门锁能否自动打开
        ↓
卡片3在2号门刷卡
        ↓
检查2号门锁能否自动打开
        ↓
卡片3在3号门刷卡
        ↓
检查3号门锁能否自动打开
        ↓
卡片3在4号门刷卡
        ↓
检查4号门锁能否自动打开
        ↓
卡片3在1号门刷卡
        ↓
调阅出入口管理软件，查询1、2、3、4门区的进出信息，
对比查询到的信息与刚才观察到的信息是否一致
        ↓
触发4号门的门磁开关
        ↓
观察系统有无发出报警信号，查询报警信息，对比查询到
的信息与刚才触发的时间、地点、类型等信息是否一致
```

图 4-3　认知体验的操作步骤

讨论思考

1. 1 号门锁有几张卡可以打开？
2. 凭 2 号卡怎样才能打开 2 号门锁？
3. 3 号卡能打开几个门锁？
4. 对于触发门磁报警，在实际生活中有何意义？

学习任务一　出入口控制系统的功能认识

知识解析

一、出入口控制系统的概念

出入口控制系统（Access Control System）在现行国家标准 GB50348—2004《安全防范工程技术规范》中的定义为：利用自定义符识别或/和模式识别技术对出入口目标进行识别并控制出入口执行机构启闭的电子系统或网络。

生活中，出入口控制系统有许多不同的应用形式。为方便维护大楼内的工作环境，越来越多的大楼出入口使用人员通道管理系统，保证只有持有大楼工作卡的人员才可以进入大楼，非本大楼工作人员只有预约或登记拿到访客卡才能进入大楼工作区，阻止没有卡的、发广告、推销等人的进入，如图 4-4 所示。预约访客可以通过自助访客一体机刷身份证来换卡通过出入口通道的道闸，临时访客在临时访客工作站录入个人信息后，也能领取访客卡进入大楼。访客卡根据访客需要拜访的公司自动分配电梯控制到达的楼层权限。有的大楼内，不同的楼层可能有不同的公司，电梯控制系统的使用如图 4-5 所示。员工只有凭有权限的员工卡才可以使用电梯，而且根据员工所在的楼层分配权限，员工只能到达相应的工作楼层，有效杜绝了人员随意乱串的现象，防止非本公司人员干扰工作环境。

图 4-4　通道管理系统

图 4-5　电梯控制系统

公司员工等固定人员出入办公室常采用门禁考勤管理系统，刷卡入门，按开门按钮出门，如图4-6所示。电子巡更系统要求保安人员在规定的时间内按照指定的路线前往大楼的关键位置巡更，对保安人员巡更工作进行监督及保护，提高大楼的安全防范等级，如图4-7所示。停车场管理系统的管理对象则是车，停车场是否已满、月保车辆是否到期、外来车辆停放该收取多少费用等，取决于车主停车卡内的识别信息，停车场的挡杆根据管理控制结果执行相应的放行或挡车动作，如图4-8所示。

图 4-6　门禁考勤系统

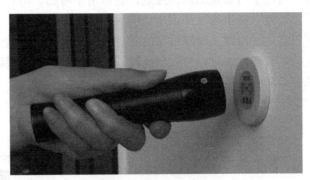

图 4-7　电子巡更系统

图 4-8　停车场管理系统

二、出入口控制系统的功能

出入口控制系统的基本功能就是限制和记录何人（Who）何时（When）有权进出何地（Where）。上述操作体验中预先设置卡片就是赋予该张卡片对可出入区域的权限及不可出入区域的限制。这些出入的操作只要进行过，无论是否成功，都会被控制系统记录下来作为日后查证的依据。

一个功能齐全的出入口控制系统，除了能有效地管理门的开启与关闭，以保证被授权人员在限定的时间、区域内的自由出入外，还应能对被授权人员进行出入通道、出入时段和出入区域的分类管理；对出入人员代码、出入时间、出入门的号码进行登录与存储；通过计算机联网实现对人员出入的有效检索和管理；限制未被授权人员的进入；对使用暴力强行进入的行为予以报警。从前面的操作体验中可以看出，卡片和密码就相当于传统开门用的钥匙。千百年来，人们一直认为"一把钥匙开一把锁"。但通过出入口控制技术，实现了多把不同的"钥匙"（上例中的卡片）能开同一把锁，一把"钥匙"能开多把不同时间、不同地点的锁，极大地方便了人们的日常使用。

　　随着技术的发展和安全防范意识的增强，目前出入口控制系统正在向一体化方向发展。比如前面列举的各出入口控制系统的应用可以综合成一卡通系统，如图 4-9 所示。即同一张卡可用于门禁及出入口控制，也可用于考勤、消费、巡更、停车、访客管理、会议签到等，还能支持生物特征识别功能（如指纹、指静脉、人脸识别）的设备的接入。整个系统可以在电子地图上实现日常的管理操作，配备专用软件，相关数据通过数据接口进行统一监控和管理，还可以与视频监控、防盗报警、消防报警等其他安保系统联动，出入口控制系统的功能将越来越强大。

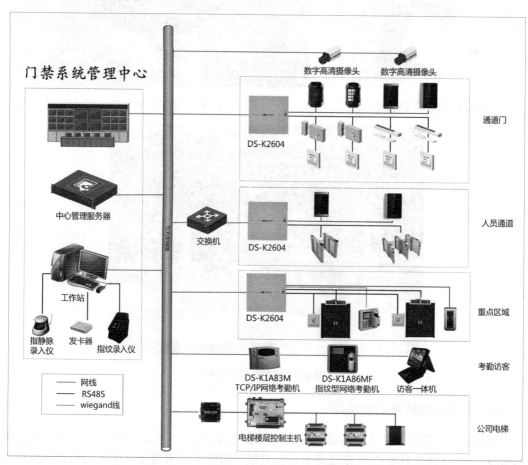

图 4-9　一卡通出入口控制系统结构图

三、出入口控制系统中的常用术语

1. 授权

对不同的指定区域分级、分时段的通行权限管理，根据被管理人员的职位或工作性质确定其通行级别和允许通行的时段，使人员的活动范围限制在与权限相对应的区域内。限制区域内持卡人数量，在某个规定时间点内区域人数达到了规定进入人数限值时，新持卡人须等已进入区域的持卡人离开后才能进入该区域。

2．发卡

由发卡中心统一制发员工个人 IC 卡，再由门禁控制器或软件对该 IC 卡授予在本系统的权限。

3．双向控制

当人员进入和离开由出入口控制系统控制的保安区域时，均必须在刷卡机上刷合法的卡后，该控制系统方将门打开，准许授权进入或离开该保安区域。这种控制方式可确保进入保安区域的人数与离开该区域的人数相同。一旦发现进出人数不相同，报警系统将发出报警信号并监控保安区域内人员情况，防止有人非法逗留。

4．多重控制

在出入口控制系统允许授权人员进入一级保安区域后，如需进入受控更严格的保安区域时，必须再次向门禁系统另一刷卡机上刷合法的卡，或者在指纹仪上输入已授权可出入的指纹，或者输入正确密码，方能进入受控更严格的保安区域。这种出入口控制系统多用于对保安要求甚高的场合。如上例操作体验中，打开 2 号门需要卡片加密码双重验证，就采用了多重控制的管理方式。

5．二人控制

对有特殊要求的出入口控制系统，如银行金库等，要求必须有两人同时在场——每人分别在刷卡机上刷合法的卡或者在指纹仪上输入已授权可出入的指纹后，二人才能进入或离开该保安区域。

6．防尾随

防尾随，就是要确保每次刷卡动作只限一个授权人进入，而不被非授权人趁门开启的间隙尾随而入。为了防止尾随人员进入保安区域，授权人员必须关上刚进入的门才能打开下一个门。另外，对于进门时尾随别人进来没刷卡的人，出门时无论是否刷卡成功都不准其出门；对于出门时尾随别人出去没刷卡的人，下次无论是否刷卡成功都不准其再进来。

7．反潜回

在某些特定场合，授权人必须依照预先设定好的路线进出，从某个门刷卡进来就必须从某个门刷卡出去，刷卡记录必须一进一出严格对应，否则就会被锁定在该区域之内或之外。

8．防反传

防反传就是防止一个人进入防区后，把卡递给后一个人进入，即防止没有外出而在同一门禁点有两次进入的情况。

 **任务回顾**

本任务从体验出入口控制系统的功能入手，从出入口控制系统的多种应用形式中归纳了出入口控制系统的功能，总结了出入口控制系统替代传统门锁的意义及日后的发展方向。本任务还介绍了出入口控制系统中的常用术语，以方便后续知识的学习理解。

自我检测

判断题

1. 对暴力进出行为予以报警不属于出入口管理功能。 （　　）

2. 出入口控制系统只对成功进出出入口控制系统控制的保安区域的人员进行记录，没有成功进出的人员不予记录。 （　　）

3. 一卡通系统可以使同一张卡既用于出入口控制，也用于考勤、消费、停车等。（　　）

4. 所谓多重控制，就是人员进入和离开由出入口控制系统控制的保安区域时均必须在刷卡机上刷合法的卡。 （　　）

5. 出入口控制系统只能确保成功刷卡后开门，而对于进出时有无尾随行为没有办法控制。 （　　）

学习任务二　出入口控制系统的构建

知识解析

尽管不同应用形式下的出入口控制系统设备及结构各不相同，但主要都是由信息识别子系统、管理控制子系统和出入口控制执行机构三大部分组成的，如图 4-10 所示。

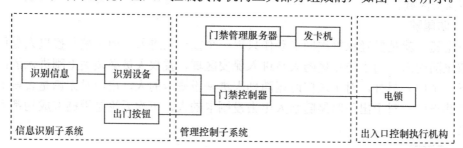

图 4-10　出入口控制系统的组成

（1）信息识别子系统由各种出入口目标的识别信息、信息识别装置组成，包括识别卡、读卡器、出门按钮等，主要用于接收人员出入门的请求信息，再转换成电信号送到控制器中。

（2）管理控制子系统由门禁控制器、门禁管理服务器（计算机）、发卡机等组成，控制器接收信息识别子系统发来的相关信息，同自己储存的内部信息进行比较处理，记录该出入的人员、地点及出入时间等信息，并给执行机构发出信号使之执行放行或阻挡动作。门禁管理服务器上装有门禁系统管理软件，它管理系统中所有的控制器，并对它们进行设置，向门禁控制器发送命令，接收其上传的信息，完成系统中所有信息的分析与处理。

（3）出入口控制执行机构由门锁启闭装置、电锁等组成，主要用于接受门禁控制器或门禁管理服务器发送来的命令，执行开门或关门动作。

（4）整个系统均采用专线或网络传输。

任务回顾

本任务围绕出入口控制系统的组成框图，了解各子系统的组成和作用，从而学习理解并能够分析出入口控制系统的工作过程。

自我检测

填空题

1．出入口控制系统主要由_____子系统、_____子系统和_____机构三大部分组成。

2．门禁控制器的工作过程可以描述为：_____信息识别子系统发来的相关信息，同自己储存的内部信息进行_____处理，_____该出入的人员、地点及出入时间等信息，并给执行机构_____使之执行放行或阻挡动作。

3．出入口控制系统采用_____或网络传输。

学习任务三　出入口控制系统的关键产品认识

知识解析

出入口控制系统的关键产品有门禁控制器、读卡器、门锁等。下面以海康威视的产品为例，介绍出入口系统的关键产品。

1．门禁控制器

门禁控制器是出入口控制系统的核心部分，相当于计算机的 CPU，它负责整个系统输入、输出信息的处理和储存、控制等，是整个出入口控制系统的心脏。

控制器的选择要根据实际情况，门区之间的距离、布线的复杂程度、门禁管理服务器所在位置、要实现的具体功能等都是选择控制器的必要条件。

容量越大的门禁控制器，所能存储的识别信息和出入记录越多。在一些暂时容量要求不高的场合选择可扩充容量的控制器，以便日后扩容。

门禁控制器按控制的门数和能否区分出入门可以分为：单门控制器、单门双向控制器、双门单向控制器、双门双向控制器、四门单向控制器、四门双向控制器、多功能控制器等。这里的单门、双门、四门就是指所控制管理的门区数。单向控制器不能区分是入门还是出门，一般都集成在门禁一体机中。双向控制器与识别设备配合，可以区分是入门还是出门。多功能控制器可以根据具体要求在单门双向和双门单向这两个功能之间转换，比较灵活。

为了方便对暴力开门行为的报警，门禁控制器一般都自带门磁等报警输入接口，输入、输出接口的数量与门区数相对应。

门禁控制器还有网络型和非网络型之分。非网络型控制器组成的门禁系统结构简单，布线施工方便，没有管理软件，只能实现简单的出入口控制，一般用于小型的出入口管理。

网络型控制器可以通过通信转换器接入门禁管理服务器，系统通过门禁管理服务器上安装的门禁管理软件实现全面综合管理，适合对出入口控制要求较高的场合。由于控制器与门禁管理服务器之间的通信方式有 RS-485 和 TCP/IP 两种，当多台门禁控制器接入门禁管理服务器时，所选用的门禁控制器的通信方式要统一。

◆ 关键产品：四门门禁控制器 DS-K2604

（1）控制器的控制形式：网络型四门门禁控制器。

（2）产品特点：DS-K2604 四门门禁控制器功能强大，设备运行稳定，采用最新的架构设计，采用 TCP/IP 网络和 RS-485 双通信接口设计，通信数据采用特殊加密机制强化系统安全，可脱机运行，具有防拆功能。

（3）产品外形：DS-K2604 的外形如图 4-11 所示。

图 4-11　DS-K2604 四门门禁主机

（4）产品参数：DS-K2604 的技术参数如表 4-1 所示。

表 4-1　DS-K2604 的技术参数

	处理器	32 位
	存储容量	16M
	有效卡/刷卡记录	10 万合法卡和 30 万刷卡记录，可扩充至 20 万合法卡和 60 万刷卡记录
	上行传输接口	TCP/IP 网络接口和 RS-485 接口
	读卡器通信接口	RS-485 和 wiegand，可接入 8 个
控制器	输入接口	报警输入 4 个、门磁 4 个、开门按钮 4 个、Case 输入 8 个、防拆开关 1 个
	输出接口	开门继电器 4 个、报警继电器 4 个
	电源输入	DC 12V/1A
	工作温度	-20～+65℃
	工作湿度	10%～90%（在不凝结水滴状态下）
	外形体积	370mm（L）×345mm（W）×90（H）

2. 识别设备（读卡器）

识别设备是出入口控制系统信号输入的关键设备，关系着整个出入口控制系统的稳定性。如果把出入口控制系统比做一个关卡的话，识别信息其实就是出入门的许可证，识别设备就相当于检查证件的人员。识别设备可分为对人的识别和对物的识别。对人的识别又可分为生物特征识别式和编码识别式两类。生物特征识别（由目标自身特性决定）式，如指纹识别、掌纹识别、眼纹识别、面部特征识别、语音特征识别等。编码识别（由目标自己记忆或携带）式，如普通编码键盘、乱序编码键盘、条码卡识别、磁条卡识别、接触式IC卡识别和非接触式IC卡识别等。

1）编码识别式读卡器

卡片式具有刷卡速度快，权限设置修改方便、可靠性高，能储存用户资料（如身份证号码、储值信息）等优点，是目前市场的主流。但卡片式出入凭证使用时需随身携带，容易丢失，易损坏，目前多与密码键盘一起使用，以弥补卡片遗失可能造成的非授权人出入的后果。另外，现在有不少单位在卡片上打印持卡人的个人照片，将门卡、胸卡合二为一，方便使用。

目前出入口系统比较常见的编码识别式读卡器有非接触式的ID卡读卡器、密码键盘式ID卡读卡器。

（1）非接触式的ID卡读卡器（见图4-12）。

图4-12　非接触式的ID卡读卡器

ID卡是一种计算机智能型用户卡片，由非常安全的电路和高效的控制程序组成，内藏感应线圈和用户密匙数据芯片，不用供电，仅依靠在读卡机上感应足够的电磁波能量即可工作。它可两面感读，能记录各种使用参数，感应速度快，识别迅速方便。

（2）密码键盘式ID卡读卡器（见图4-13）。

图4-13　密码键盘式ID卡读卡器

密码键盘式ID卡读卡器可以实现读卡、密码、读卡+密码等多种方式的身份验证。这种读卡器内既有读卡头可以完成对RFID（射频ID）卡的接收，还有嵌入式微控制器进行高效译码，减少了仅凭卡片出入时卡片容易丢失损坏，仅凭密码出入时密码容易被偷窥造成的不安全隐患。

◆ 关键产品：带键盘感应式读卡机DS-K182系列。

（1）读卡形式：按键输入密码或刷卡。

（2）产品特点：按键采用最新一代的触摸式设计，外形轻薄、造型时尚；可自由设定选择读取卡片序号或区块数据，区块金钥可自订（Mifare）；支持 P-SAM 卡加密机制，强化系统设备安全；（仅 DS-K182ACR（P）支持）具防拆机防破坏侦测功能，强化系统设备安全性；响应时间短，干扰少，功耗小，稳定度高。

（3）产品外形：如图 4-14 所示。

图 4-14　带键盘感应式读卡机 DS-K182 系列

（4）产品参数：如表 4-2 所示。

表 4-2　DS-K182AM/C（P）TDS-K182AM/C（P）技术参数

读卡器	处理器	8 位
	读卡频率	13.56MHz
	通信方式	RS-485
	传输速度	19200bps-N-8-1
	输入接口	1 组（防拆）
	输出接口	无
	LED 指示灯	电源/通信
	声音提示	蜂鸣器
	装置 ID 设定	通过主板指拨开关设定
	键盘	12 键（0-9，*，#）
	电源	DC 12V/1A
	工作电流	200mA（max）
	工作温度	-10～55℃
	工作湿度	20%～80%（在不凝结成水珠的状态环境下）
	外形体积	140mm×77mm×23mm
	重量	130g

2）生物特征识别式读卡器

生物特征识别式读卡器，如指纹识别、掌纹识别、脸面识别等，由于特征无法仿冒，安全性高，具有不用携带、不会丢失、不会遗忘的特点，近年来发展迅速。生物特征识别通常是采用 1：N 比对模式，这种模式是将输入识别信息与所有的预存信息对比，从而确定开门与否。这种方式在识别设备预存的生物特征信息量较多时，为了保证拒登率（FRR）和比对错误率（FAR）在可接受的范围，比对时间会相对略长。为了解决这一矛盾，生物特征识别设备通常配有键盘，使用者可以通过输入标识码（输入者编码），将输入识别信息与标识码对应的预存信息对比，即采用1∶1比对模式，缩短认证时间。比较常见的生物特征识别式读卡器就是指纹仪。

指纹仪（见图4-15）是在出入口处安装指纹识别设备，通过指纹验证来对人员的进出实施放行、拒绝、记录等操作，一般作为大门出入控制、智能楼宇系统、高安全性出入口管理等场所的安全出入控制。指纹仪利用人体生物特征（指纹）来进行身份安全识别，具有不可替代、不可复制和唯一性的特点。

图 4-15　指纹仪

◆ 关键产品：指纹仪感应式读卡机 DS-K182 系列。

（1）读卡形式：指纹仪感应。

（2）产品特点：造型精巧、搭配容易，适合各种场所安装。指纹存储采用一组乱码加密数值，确保数据安全；内设 MIFARE/CPU 读卡模块，指纹特征数据可通过控制器下载到读卡器中；比对响应时间短、准确度高、干扰少、功耗小、稳定度高。支持上限保存 950 人每人两枚指纹，共计 1900 枚指纹管理；采用静电自放电防护设计，保证数据传输不受干扰；支持通信传输数据错误检查验证，确保数据传输正确无误；具有防拆机防破坏侦测功能，强化系统设备安全性。支持开机看门狗功能及自我检测功能，确保读卡机正常运行。

（3）产品外形：如图4-16所示。

图 4-16　指纹仪感应式读卡机 DS-K182 系列

（4）产品参数：如表 4-3 所示。

表 4-3　DS-K182AM/CF 系列技术参数

	认证方式	Mifare/CPU 卡+指纹
读卡器	读卡频率	13.56MHz
	上行通信方式	RS-485
	指纹采集模块	Optical CMOS Sensor
	认证时间	≤1.0s
	拒登率	≤0.001%
	比对错误率	≤0.01%
	传输速度	19200 bps-N-8-1
	防拆功能	有
	LED 指示灯	电源 1 个，锁状态 1 个
	电源	DC12V
	功耗	2.6W（max）
	外形体积	135mm（L）×75mm（H）×41mm（W）
	重量	190g

3. 锁具

锁具是出入口控制系统中执行锁门动作的部件。用户应根据门的材料、出门要求等选取不同的锁具。锁具主要有以下几种类型。

（1）磁力锁。

属于断电开门型，符合消防要求，但如果电锁线路被破坏，出入口控制系统就会失效。这种锁一般配备多种安装架以供顾客使用，适于安装在单向的木门、玻璃门、防火门、对开的电动门上。

（2）阳极锁。

又称电插锁，也属于断电开门型，多数安装在门框的上部。与磁力锁不同的是阳极锁适用于双向的木门、玻璃门、防火门，而且它本身带有门磁开关，可随时检测门的安全状态。

（3）阴极锁。

阴极锁一般为通电开门型，符合防盗报警要求，但因为停电时阴极锁是上锁的，为了保障消防安全，用户应配有机械钥匙，最好配备 UPS 电源。这种锁适于安装在单向木门上。

◆ 关键产品：

（1）阴极锁 DS-K4G100。

① 开锁形式：远程自动开锁。

② 产品特点：可远程控制自动开锁，通电开锁功能，隐藏式安装，不影响整体的美观，搭配机械锁使用，可以达到电控与钥匙双用。

③ 产品外形：如图 4-17 所示。

图 4-17　阴极锁 DS-K4G100

④ 产品参数：如表 4-4 所示。

表 4-4　阴极锁 DS-K4G100 技术参数

门锁	锁体尺寸（L×H×D）（mm）	148×33×39
	输入电压	DC12V
	指示灯	是
	锁状态	是

（2）阳极锁 DS-K4T100。

① 开锁形式：采用 CPU 自动控制。

② 产品特点：针对电压波动而特别设计，采用磁感应上锁，具有抗干扰性强、电压范围宽等特点，使用更安全、更可靠。

③ 产品外形：如图 4-18 所示。

图 4-18　阳极锁 DS-K4T100

④ 产品参数：如表 4-5 所示。

表 4-5　阳极锁 DS-K4T100 技术参数

门锁	锁体尺寸（L×H×D）（mm）	204×33.5×42.5
	输入电压	DC12V
	指示灯	是
	锁状态	是

（3）标准型磁力锁 DS-K4H250S。

① 开锁形式：霍尔检测电路检测开锁。

② 产品特点：具有门状态指示和门状态检测信号输出，本锁内置消磁电路，开锁无剩磁，使用更安全、更可靠。

③ 产品外形：如图 4-19 所示。

图 4-19 标准型磁力锁 DS-K4H250S

④ 产品参数：如表 4-6 所示。

表 4-6 标准型磁力锁 DS-K4H250S 技术参数

门锁	锁体尺寸（*L*×*H*×*D*）（mm）	238×53×29
	铁板尺寸（*L*×*H*×*D*）（mm）	185×46×13
	安装方式	裸露式
	输入电压	DC12V/24V
	抗拉力	250～280kg
	指示灯	是
	锁状态	否

任务回顾

本任务通过具体学习出入口控制系统各类关键产品的外观、分类、特点和主要技术参数等，掌握系统构成的各设备的性能与应用，为后续学习系统的安装与调试过程打下坚实的基础。

自我检测

一、填空题

1. 门禁控制器与门禁管理服务器之间的通信方式有_____和_____两种。

2. _____式识别设备是未来市场的主流。

3. 生物特征识别设备在比对信息量较多时，为缩短认证时间，可采用_____比对模式。

4. 由于阴极锁一般为停电时_____的，为了保障消防安全，用户应配有机械钥匙，最好配备 UPS 电源。

二、简答题

请简单对比卡片式出入口控制系统、指纹式出入口控制系统的特点。

学习任务四 出入口控制系统的安装与调试

操作学习任务

某小区出入口控制系统设计示意图如图 4-20 所示。

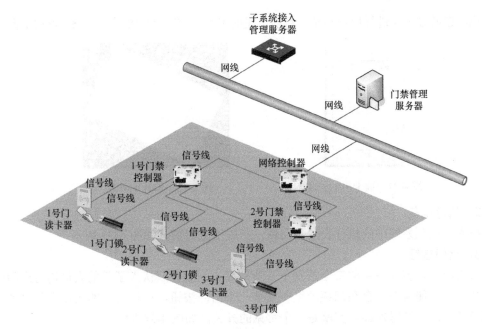

图4-20 某小区出入口控制系统示意图

根据图4-20，完成该出入口控制系统的安装与调试工作。

 系统构成分析

一、系统构成

1．识别设备与执行设备

识别设备与执行设备均安装在对应门口，数量与安装位置如表4-7所示。

表4-7 识别设备与执行设备的数量与安装位置

识别信息与识别设备	数 量	安 装 位 置
读卡器	3个	对应门口指定位置
卡片	3张	无须安装，需要时在读卡机上刷卡使用
出门按钮	3个	对应门口指定位置
门锁	3个	对应门口指定位置

2．门禁控制器

整个出入口控制系统设两个门禁控制区，各由一个门禁控制器进行管理。

3．网络控制器与门禁管理服务器

两个门禁控制器通过网络控制器接入门禁管理服务器。

二、知识解析

1．识别设备

对于另设门禁控制器的出入口控制系统而言，识别设备一般选用如图4-21所示的感应式

读卡机，它通过刷卡进行信息识别。目前常见的卡片为 IC 卡和 ID 卡，如图 4-22 所示。

图 4-21　读卡机的外观

图 4-22　卡片的外观

2．执行设备

出入口控制系统中的执行设备是门锁，一般用磁力锁，如图 4-23 所示。

3．出门按钮

如果出入口控制系统的安全级别不是特别高，一般会默认入了门的人员均有出门的权限，故出于方便考虑，会在门锁的里侧安装一个出门按钮，已经入门的人员出门时就不必再刷卡了。出门按钮内部其实就是一个常见的开关，如图 4-24 所示。

图 4-23　磁力锁的外观

图 4-24　出门按钮的外观

4．门禁控制器

本案例使用一个四门双向门禁控制器，即最多能连接管理四个门区，可以区分是入门或出门，如图 4-25 所示。区分出、入门的方法一般是在同一个门区既安装入门读卡器（装在入门处），又安装出门读卡器（装在出门处）。因此，该门禁控制器最多可以连接管理 8 个读卡器和 4 个门锁。

5．门禁管理服务器与网络控制器

门禁管理服务器预先安装门禁管理软件，它通过网络控制器与门禁控制器相连接，可以远程读取门禁控制器上的所有信息，也可以远程控制门禁设备做出相应动作。由于门禁控制器通常有 485 和 TCP/IP 两种不同的方式与服务器通信，网络控制器也相应地有所不同。其中，RS-485 通信可使用 RS-485/RS-232 接口转换器转换之后与服务器的串行口相连，另一端 RS-485 接口与门禁控制器相连。RS-485/RS-232 接口转换器如图 4-26 所示。

三、系统分析

根据以上分析可知，图 4-20 所示的出入口控制系统是一个三门区单向控制系统，3 个门由 2 个门禁控制器分别管理，1 号门禁控制器管理 1 号门区和 2 号门区，2 号门禁控制器管理 3 号门区，门禁管理服务器对整个出入口控制系统进行远程管理和控制。

图 4-25 门禁控制器的外观

图 4-26 接口转换器的外观

系统安装与调试

一、系统安装

出入口控制系统的安装工艺流程如图 4-27 所示。

图 4-27 出入口控制系统的安装工艺流程

出入口控制系统的安装应在土建工程装修完毕后进行，门、窗装配齐全完整；管理室内弱电竖井、建筑内其他公共部分及外围的布线线缆的缆沟、槽、管、箱、盒施工完毕，各预留孔洞、预埋件的位置、线管的管径、管路的敷设位置等均应符合设计施工要求。

设备的安装主要参照详细表示设备安装方法的安装图纸，这种图纸一般会附在设备包装盒里，某磁力锁的安装如图 4-28 所示。

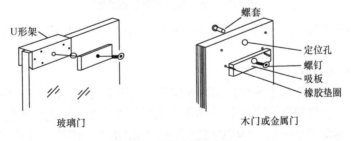

图 4-28 某磁力锁的安装图

另外，出入口控制设备的安装还要遵循以下安装规范要求：

（1）各类识别装置的安装高度离地不宜高于 1.5m，安装应牢固。根据施工平面图检查识别设备的位置，一般识别设备安装在门外右侧，离地高度 1.4m，距门框 3～5cm，以方便使用者的习惯为原则。

（2）感应式读卡机在安装时应注意可感应的范围，不得靠近高频、强磁场。

（3）控制器、识别设备等的底盒在施工前期一般已安装好，接线前应首先清理底盒内的杂物。

（4）锁具的安装应符合产品技术要求，安装应牢固，启闭应灵活。

（5）出门按钮安装时，应根据施工平面图检查安装的位置，开门按钮安装在室内门侧，高度与识别设备平齐。

二、系统连接

系统的连接主要参照设备安装说明书中的接线图。接线图是用来指导某一设备与系统的接线关系的，也是以后查线的依据。某门禁控制器的接线示意图如图 4-29 所示。

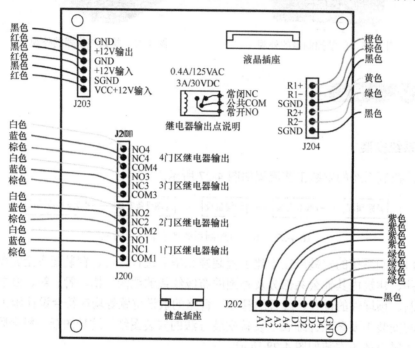

图 4-29　某门禁控制器的接线图

门禁控制器的连接主要包括与电源、读卡机、门磁、出门按钮、门锁、服务器主机等的连接。

1．门禁控制器与电源的连接

门禁控制器的电源输入正负端分别由外接开关电源上的"GND"和"+12V"接入。为屏蔽外界干扰，门禁控制器的输入/输出端子均采用光电耦合技术进行光电隔离。所以，有的门禁控制器的电源端分两组，"VCC+12V"和"SGND"一组给门禁控制器内部的 CPU供电，"+12V 输入"和"GND"一组给光电耦合电路供电，如图 4-30 所示。

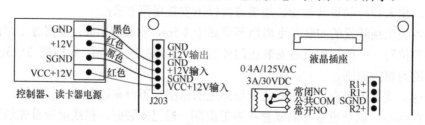

图 4-30　门禁控制器与电源的连接

2．门禁控制器与识别设备的连接

门禁控制器与识别设备连接时，识别设备可以单独供电，也可以从门禁控制器的"+12V 输出"和"GND"电源线上引出。识别设备与门禁控制器之间一般采用 RS-485 通信方式。对于认可 RS-485 通信方式的识别设备，如感应读卡机，可将其"4R+"和"4R-"端直接并接至门禁控制器的"R2+"和"R2-"端上；对于不适合 RS-485 通信方式的识别设备，如维根卡读卡机，可经转换模块转接后，由模块的"R+"、"R-"端并接至门禁控制器的"R2+"和"R2-"端上。门禁控制器还允许将其他开关按钮（如消防报警按钮）或继电器触点（如使警灯工作的触点）等输入/输出设备经数字输入/输出模块转接至门禁控制器，接入方法与维根卡读卡机相同，门禁控制器与识别设备的连接示意图如图 4-31 所示。识别设备接入门禁控制器后，还需通过菜单或软件设置 ID 号，这部分内容将在后面的"系统调试"部分介绍。

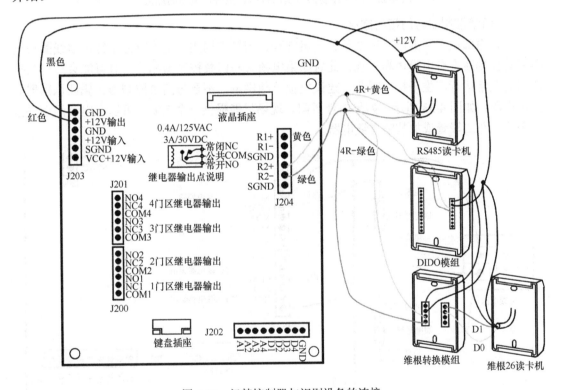

图 4-31　门禁控制器与识别设备的连接

3．门禁控制器与出门按钮的连接

如果所控门区采用单向进入控制方式，门区内部应设有出门按钮，可将其作为开关信号输入点接入门禁控制器。方法是：将出门按钮的两端接入门禁控制器的开关输入端钮 A1（或 A2 等）、GND（A1、A2 等的编号与门区编号一一对应），如图 4-32 所示。出门按钮连接好后，必须在门禁控制器上进行相应的流程设置方能有效地工作。

门禁系统中一般都有简单的报警功能，如在所控门的门框上安装门磁探测器，当检测到门被强行打开时将产生报警。报警探测器的连接方法是：将报警探测器的两端分别接入门禁控制器的报警输入端钮 D1（或 D2 等）、GND（D1、D2 等的编号与门区编号一一对应），如图 4-32 所示。如果不需要加装报警探测器，可将这两端短接。

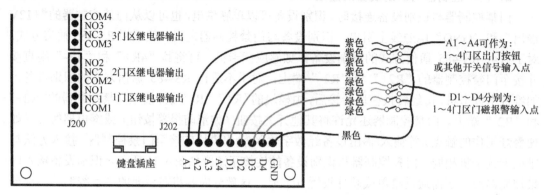

图 4-32　门禁控制器与出门按钮、报警探测器的连接

4. 门禁控制器与门锁的连接

电锁内部由一个继电器线圈及其一组常开、闭触点构成。工作时由于继电器线圈得电会在其控制线上有电噪声和干扰，此时如果电锁又与门禁控制器相连，有可能会对门禁控制器的正常运行产生干扰。因此，建议电锁单独供电，不要与门禁控制器、凭证识别器等共用电源，如图 4-33 所示。如果条件所限，现场只能提供一个电源，可以在电锁两端并接一个防火花二极管或加装隔离继电器。

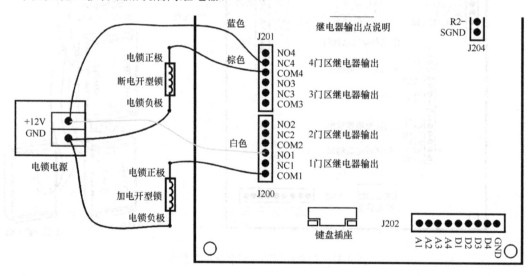

图 4-33　门禁控制器与门锁的连接

5. 门禁控制器与服务器主机的连接

门禁控制器与服务器主机的连接必须通过网络控制器。对于采用 RS-485 通信方式的门禁控制器应采用 RS-485 转 RS-232 接口转换器来实现。各门禁控制器的"R1+"、"R1-"均并联接至接口转换器的 1R1+、1R1-或 2R1+、2R1-上，在最后一个控制器的 R1+ 和 R1-的两端跨接一个 120Ω 的匹配电阻，转换器的 RS32 端接入计算机。门禁控制器与服务器主机的连接示意图如图 4-34 所示。

关于线路连接所用线缆，建议：

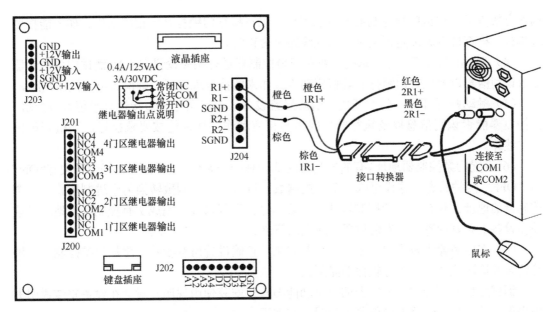

图 4-34　门禁控制器与服务器主机的连接

（1）识别设备到门禁控制器端口之间的线采用 8 芯屏蔽多股双绞网线，线径宜在 0.5mm² 以上，最长不可超过 100m，屏蔽线接控制器的 GND 端。

（2）出门按钮到门禁控制器端口之间的线采用 2 芯电源线，线径在 1.0mm² 以上。

（3）门锁到门禁控制器端口之间的线采用 2 芯电源线，线径在 1.0mm² 以上。如果超过 50m，则应使用更粗的线或多股并接，也可以通过电源的微调旋钮，将输出电压调高到 14V 左右，但最长不要超过 100m。

（4）报警探测器到门禁控制器端口之间的线采用 2 芯线，线径在 0.5mm² 以上。

线缆与设备连接时，应先将线缆穿入底盒，用电工刀与斜口钳将各芯线绝缘层剥去 5mm，使各芯线铜芯裸露，然后在铜芯上均匀地镀锡，用电铬铁将设备与多芯线焊接好，连接完毕用热缩管或电工绝缘胶布进行绝缘处理。可以利用电缆的各线颜色定义线缆的用途并做好记录与标记，以方便以后的接线和查线。由于门锁安装时一般需要在门框开槽，如果是金属门框，则导线可穿软塑料管沿门框敷设，在门框顶部进入接线盒。如果是木门框，则可以在门框侧安装接线盒及线管。

三、系统调试

1. 出入口控制系统的调试流程

（1）系统安装连接完成且检查线路无误后通电，识别设备、门禁控制器的运行指示灯应该闪亮。如无亮灯立即断电检查电源线路。

（2）设置识别装置地址。有的识别设备的地址是一个旋钮，可以用小一字螺钉旋具将旋钮转至所需的地址号。有的识别设备是在门禁控制器上进行相关的地址号的设置，具体请参阅相关设备使用说明书。完成后记录下所有识别设备的地址号、所属控制器及对应的安装位置，以便在软件中正确设置。

（3）按门禁控制器使用说明添加有效出入信息（如卡片、指纹等），然后在识别设备上输入有效信息，测试门禁控制器能否识别信息以及执行门锁打开等相应动作。如未能按要求执行，检查信息添加是否正确、门锁线路是否正常。

（4）按下出门按钮（有的系统需要在门禁控制器进行相关设置方可），测试门禁控制器能否识别信息以及执行门锁打开等相应动作。如未能按要求执行，则检查出门按钮线路。

（5）触动防拆开关、门磁开关、消防报警设备（可以用导线短接进行模拟），测试门禁控制器能否识别信息以及执行警灯闪烁等相应动作。如未能按要求执行，则检查报警开关线路。

（6）设置门禁控制器地址。有的控制器的地址是一个 8 位的拨码开关，每个开关有"ON"和"OFF"两种状态，这样组成一个二进制数，将这个二进制数转换为十进制数就是这个控制器的地址。也有的门禁控制器地址由菜单进行设置修改。完成所有控制器的地址设置并在设备上做好标签，与安装位置对应记录下来。

（7）在服务器主机上安装系统软件并登录，正确设置所有参数，添加门禁控制器地址等信息并检测成功，再进行软件功能测试。

调试过程所需的门禁控制器的菜单功能与软件安装使用说明一般会在设备安装说明书中提供。某门禁控制器的操作菜单如图 4-35 所示。

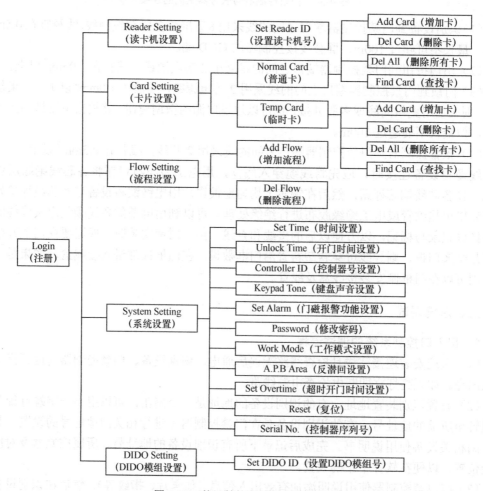

图 4-35　某门禁控制器的操作菜单

2．控制器的设置与调试

当系统安装、接线完成及系统测试无问题后，则应对门禁控制器进行设置与调试（在本案例中，使用的是一个四门双向门禁控制器，如图 4-25 所示）。根据菜单及界面，调试工作可以在"Login"提示下输入正确密码后按以下操作完成。

（1）设置识别装置地址：在"Reader Setting"提示下进入"Set Reader ID"项，然后按提示输入读卡机的产品序列号（一般在读卡机背后有标注）、识别号。对于双向门禁控制器而言，一般识别号为单数表示将其设定为入口读卡机，双数为出口读卡机，如识别号为 1 号和 2 号的读卡机分别管理 1 号门区的入口和出口，识别号为 3 号和 4 号的读卡机分别管理 2 号门区的入口和出口，依次类推。

（2）添加有效出入信息：在"Card Setting"提示下进入"Normal Card"的"Add Card"项，然后将卡片在需要有出入权限的门区读卡机上刷一下，屏幕将提示该卡片在哪个门区具有开门权限的信息。如"0000762[1204]"表示 0000762 卡对 1、2、4 门区有进出权限，对 3 门区没有权限。也可以对"Temp Card"进行如上操作。普通卡（Normal Card）与临时卡（Temp Card）的区别是临时卡有卡片的生效日期和截止日期，而普通卡没有。

（3）设置出门按钮：在"Flow Setting"提示下进入"Add Flow"项，按提示在光标处先后输入出门按钮的输入点号、从输入点输入至输出点动作的延时时间、电锁的输出点号以及电锁动作的持续时间。如流程"If Input X[1] On Delay [0], Then Out Y[1] Delay [5]"（[ ]号内为输入的信息），表示当某一输入点 X1 与 GND 短接时，延时 0s 后，输出点 Y1 动作，动作持续时间为 5s。（见图 4-32）如果系统连接时 1 号门区的出门按钮接在 A1 与 GND 之间，1 号门锁接在门锁 NO1（或 NC1）和 COM1 之间，则成功添加这个流程之后，按下 1 号门区的出门按钮，1 号门锁就会相应动作 5s。

（4）设置门禁控制器地址：当多台门禁控制器联网时，每台控制器都必须设置地址号，且地址号不能重复。门禁控制器号出厂状态下默认为 1 号。需要对某台门禁控制器的地址进行修改时，可在"System Setting"提示下进入"Controller ID"项，输入需要设置的地址即可。

3．门禁管理软件的安装与调试使用

正确完成系统连接、控制器的设置以及其他各种设备的设置后，按照软件安装说明在服务器主机上安装相应的门禁管理软件，登录后即可使用软件。软件的功能一般包括：实时监控、调阅、备份出入口信息、远程控制门锁状态、组织建立门禁数据库、设置管理者权限等，可以根据软件使用说明逐一检查试用。软件的操作界面如图 4-36 所示。

4．出入口控制系统调试注意事项

（1）按《出入口控制系统工程设计规范》GB50396 等国家现行相关标准的规定，检查并调试系统设备，如读卡机、控制器等，系统应能正常工作。

（2）应对各种读卡机使用不同类型的卡（如通用卡、定时卡、失效卡等），调试其开门、关门、提示、记忆、统计、打印等判别与处理功能。

（3）按设计要求，调试出入口控制系统与报警、电子巡查等系统间的联动或集成功能。

（4）对采用各种生物识别技术装置（如指纹、掌形、视网膜等）的出入口控制系统的调试，均应按系统设计文件及产品说明书进行。

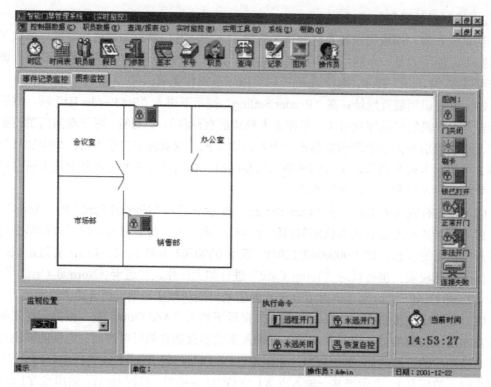

图 4-36　某门禁控制软件的操作界面

 任务回顾

本任务围绕一个 3 门区门禁控制系统的安装与调试任务，参与学习门禁系统的安装、接线及系统调试，并注意理解安装与调试过程的注意事项，从而掌握出入口控制系统的安装与调试的实施过程与方法。

 自我检测

一、选择题

1. 关于普通卡与临时卡的区别，以下说法错误的是（　　　）。

　　A. 普通卡的制作材料好一些，而临时卡的制作材料差一些

　　B. 普通卡的可通行区域多一些，而临时卡的可通行区域少一些

　　C. 普通卡没有通行有效时间限制，而临时卡有通行的有效时间限制

　　D. 普通卡没有通行日期限制，而临时卡有通行的生效和截止日期

2. 为避免电控锁工作时对门禁系统的干扰，不可以采用（　　　）的方法。

　　A. 将电锁的控制电缆与报警电缆绞合在一起

　　B. 门禁控制器与电锁分别单独供电

　　C. 门禁控制器和电锁之间加装隔离继电器

　　D. 电锁两端并接一个防火花二极管

3．如果门禁系统的报警输入端不需要接入探测器，应（　　）。

A．将这两端短接 　　　　　　B．将信号端接电源

C．将接地端接电源 　　　　　　D．将这两端悬空

二、填空题

根据图 4-36 所示某感应式卡片门禁控制器的菜单功能，请写出：按下 1 号门区的出门按钮（输入点为 1）2s 后打开 2 号门锁（输出点为 2）5s 功能的流程：＿＿＿＿＿＿＿＿

＿＿＿＿＿＿＿＿＿＿＿＿＿＿＿＿＿＿＿＿＿＿＿＿＿。

网络安防系统的维护

你知道吗?

随着行业应用的深入,以及平安城市建设的具体落实,大量网络安全防范系统的普及不但提升了技术防范力量,同时还将给安防系统的维护带来巨大挑战。视频监控系统、入侵报警系统、出入口控制系统是组成安防系统的重要子系统,它们在安防系统中的维护是举足轻重的,关系到整个安防系统的运行状况。安防系统的维护是相关技术人员应对和处理突发事件的体现,也是安防系统正常运行的有效保证。

学习目标

知识目标:

1. 了解网络安防系统维护的重要性。
2. 理解网络安防系统设备维护过程中的安全事项。
3. 掌握如何检测、排除视频监控系统存在的故障。
4. 能够进行摄像机、网络硬盘录像机的维护工作。
5. 掌握视频综合平台的清理维护工作过程。
6. 知道入侵报警系统中的常见故障及原因。
7. 掌握入侵报警系统的线路故障判断。
8. 掌握出入口控制系统的故障检测。

能力目标:

1. 能够根据生活中视频监控系统设备的要求快速检测、排除系统存在的故障。
2. 能够根据产品性能特点,掌握视频综合平台的清理维护。
3. 能够根据入侵报警系统的设备性能、线路设计要求快速检测、排除系统存在的故障。
4. 能够根据出入口控制系统的设计要求,完成系统的故障检测,使系统正常工作。

应用场景

在一个网络安防系统进入调试阶段、试运行阶段及交付使用后,有可能出现各种各样的故障,如不能正常运行、系统达不到设计要求的技术指标、整体性能和质量不理想,亦即一些"软毛病"，对于一个复杂的、大型的网络安防系统工程项目来说是在所难免的。网络安防系统又是一个软硬件结合的复杂系统，系统的正常运行依赖于诸多因素，其中运行过程中的日常保养和维护是非常重要的，因此为了做好安防系统设备的维护工作，维修中需要配备相应的人力、物力（工具、通信设备等），负责日常对网络安防系统的监测、维护、服务、管理，承担起系统设备的维护服务工作，以保障网络安防系统的长期、可靠、有效运行。

结合以上应用情景，对于网络安全防范系统的维护应该做到定期、定位，既要定时对系统进行全方位的检查，也要能够准确地定位具体的系统位置，针对不同的问题找到原因所在。为了能够更好地掌握网络安全防范系统的维护方法，确保系统能够长期、有效地运行，将系统的维护细分为：

1．视频监控系统的维护。

2．入侵报警系统的维护。

3．出入口控制系统的维护。

学习任务一　视频监控系统的维护

视频监控系统在当今网络安防系统中扮演着极其重要的角色，它的防范能力很强，通过摄像机及相关辅助设备观看、监视、控制并记录被监控场所的情况。但是，视频监控系统部件多，各个部件的协调工作比较复杂，如何维护它，并使其长时间保持正常工作对于安防系统至关重要。

某学校视频监控系统示意图如图 5-1 所示。

根据图 5-1，完成该视频监控系统的定期维护工作。

根据项目二介绍的视频监控系统，对视频监控系统的维护工作主要是对系统的关键设备进行定期的维护，其主要从以下几个方面开展：

（1）摄像机的维护。

（2）网络硬盘录像机的维护。

（3）视频综合平台的维护。

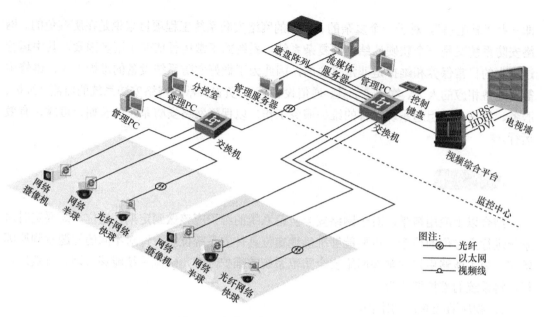

图 5-1　某学校视频监控系统示意图

一、摄像机的维护

摄像机的维护是视频监控系统维护的重要内容之一，通常，在维护摄像机时要排除控制电路等故障，此外，出现频率较高的问题是镜头、防护罩等部件，因此，需要重点注意镜头的维护、透明罩的维护，红外摄像机的玻璃也是需要特别注意维护的工作之一。

1．摄像机镜头及镜面维护

摄像机的镜头是摄像机最关键的部件之一，它对于摄像的成像质量至关重要，所以，它的维护工作十分必要。常见的维护工作有：

（1）镜面要保持干净。无论是使用前还是使用后，如果镜面有灰尘，就要用干净软布擦拭干净。

（2）镜头要保证干燥，防止发霉。长期不使用，要在其周围放干燥剂包；使用前，如果发现镜头潮湿，要使用专门的清洁剂清洗。

（3）定期检查光圈环与变焦环是否正常、螺钉等是否松动等。

2．半球防护罩的维护

防护罩是半球摄像机上用来保护摄像机的重要辅助部件之一，它能保护摄像机在潮湿、多尘、低温、高温等环境下正常工作。维护防护罩时要注意：

（1）要经常清洁防护罩的表面，保持其清洁。

（2）定期检查防护罩的密封性是否良好，如不合格，要及时检修或更换。

（3）如果防护罩内装有雨刷器、加热器、除霜器等，要定期检查它们是否正常工作。

3．红外摄像机玻璃的维护

红外摄像机是一款特别的摄像机，它能监视黑暗时肉眼看不见的场景，它的主要摄像器件是红外发光二极管，由于其特殊性，它的维护也有如下注意事项。

（1）红外摄像机工作时红外发光器件发热，会导致内部工作环境温度升高，所以，要定期检查其测温部件、散热部件是否正常工作。

（2）要经常检查红外摄像机的密封性。

（3）要经常清洁防护罩的视窗玻璃。

4．摄像机常见的主要问题及解决办法（见表 5-1）

表 5-1　摄像机常见的主要问题及解决办法

分类	常见问题	原因分析	解决办法
通用	摄像机无图像	电源线、信号线没接通或电路故障	检查电源线、信号线是否接通，检修电路
	图像不清晰	1．镜头模糊 2．焦距没调好	1．将镜头擦拭干净 2．调节镜头焦距
	图像显示闪烁、忽明忽暗、时有时无、黑屏等	1．光圈振荡、频率不匹配 2．接线端子、信号线连接有误或接触不良、电源线接触不良，可重启（一般重启时有版本信息或者 ICR 切换等特征）	1．送修 2．检修接线端子、信号线 3．检修电源线
球机	不能控制	1．控制协议、地址、波特率等设置有误 2．控制线接触不良	1．检查控制软件设置 2．检查控制线接触良好等
	1．不能转动或转动不到位 2．球机可以进行变倍，云台控制异常，画面抖动，自检失败	1．云台部分故障 2．解码板电路故障	1．检查云台 2．检查解码电路 3．打开球机透明罩，去除球心保护胶带和珍珠棉，重新上电 4．红外球机安装好，去除云台保护胶带
红外	1．图像模糊 2．夜晚红外效果不好	1．CCD 电路故障 2．镜头模糊 3．安装环境空旷且未调整倍率看较远处场景，广角时开启近红外灯无法补足较远处光线 4．附近存在树叶、蜘蛛网、墙面反光物体，造成红外反光，图像发白	1．检修红外摄像机电路 2．清洁镜头 3．调整镜头倍率，切换远灯，增加红外补光 4．调整角度或者去除遮挡物，并清理镜头前的灰尘 5．监控范围超出设备红外补光距离 6．水面吸附红外光最多，返回红外光偏少，相对陆地效果会偏差一些

二、网络硬盘录像机的维护

网络硬盘录像机在视频监控系统中起着关键作用，人们用它来储存前端信号采集设备传递过来的视音频信号。所以不但要学会安装与调试网络硬盘录像机，还要学会维护。网络硬盘录像机的维护主要从以下 3 个方面着手。

1．防潮、防尘、防腐

（1）硬盘录像机上不能放置盛有液体的容器（如水杯）。

（2）将硬盘录像机放置在通风良好的位置。

（3）使硬盘录像机工作在允许的温度及湿度范围内。

（4）硬盘录像机内电路板上的灰尘在受潮后会引起短路，请定期用软毛刷对电路板、接插件、机箱及机箱风扇进行除尘。

（5）检查监控机房通风、散热、净尘、供电等设施。室外温度应在-20～+60℃，相对湿度应在 10%～100%；室内温度应控制在+5～+35℃，相对湿度应控制在 10%～80%，给机房监控设备提供一个良好的运行环境。

2. 防雷、防干扰

只要从事过监控系统维护工作的人都知道，雷雨天气可能对设备稳定性存在一定影响，给监控设备正常的运行造成很大的安全隐患，因此，监控设备在维护过程中必须对防雷问题高度重视。防雷的措施主要是做好设备接地的防雷地网，应按等电位体方案做好独立的地阻小于 1Ω 的综合接地网，杜绝弱电系统的防雷接地与电力防雷接地网混在一起的做法，以防止电力接地网杂波对设备产生干扰。

防干扰则主要做到布线时应坚持强弱电分开原则，把电力线缆跟通信线缆和视频线缆分开，严格按通信和电力行业的布线规范施工。所以对于网络硬盘录像机也要做好接地防雷、防干扰工作。

3. 网络硬盘常见问题及解决办法（见表5-2）

表 5-2 网络硬盘常见问题及解决办法

序号	常见问题	原因分析	解决办法
1	设备开机后会有"嘀-嘀-嘀-嘀嘀"的声音警告	1. 硬盘录像机中没有装硬盘 2. 硬盘录像机中装了硬盘但没有进行格式化 3. 硬盘损坏	1. 如果不需要装硬盘，请到异常处理菜单中把"硬盘错"这个异常类型的声音告警打"×" 2. 如果装了硬盘，请到管理工具菜单中把相应的硬盘格式化 3. 如果硬盘损坏，请更换硬盘
2	云台不受控制	1. RS-485 接口电缆线连接不正确 2. 云台解码器类型不对 3. 云台解码器波特率设置不正确 4. 云台解码器地址位设置不正确 5. 主板的 RS-485 接口损坏	1. 检修 RS-485 通信线及其端接口 2. 检查云台解码器并重新设置各参数
3	设置了移动侦测后没有录像	1. 录像时间设置有误 2. 移动侦测区域没有设置好 3. 移动侦测报警联动没有设置好	1. 检查录像时间是否设置正确，这里包括单天的时间设置和整个星期的时间设置 2. 检查移动侦测区域设置是否正确 3. 检查移动侦测报警处理中有没有选择触发相应通道的录像
4	硬盘录像机开机后，不断地重启，且每隔10s 左右发出一次"嘀"的叫声	1. 硬盘录像机软件出现问题 2. 硬盘录像机的主板损坏	1. 升级了错误的程序造成硬盘录像机软件被破坏。不同型号的硬盘录像机可能存在差异，所以升级了不匹配的程序会导致系统无法正常使用，请联系供应商进行修复 2. 硬盘录像机主板故障，请联系供应商维修
5	硬盘录像机预览图像会花屏，且出现声音告警	可能的原因是输入输出制式不符	硬盘录像机的视频输入制式是自适应的，而输出制式是可以设定的，所以如果摄像机是 PAL 制式输入，而输出制式设为 NTSC 以后，就会导致画面花屏，如果异常处理中的"视频输入输出制式不符"这一项的声音告警设为开启状态，就会触发声音告警，在"本地显示"菜单中，将视频"输出制式"这一项设为与摄像机的输入制式一致就可以解决

三、视频综合平台的维护

1．运行状态与运行状态指示灯

（1）液晶屏。视频综合平台自带液晶屏，其主要是为显示设备的工作状态，以及对设备进行设置、操作过程中的提示信息。在综合平台正常工作的过程中，液晶屏主要显示以下信息：

① 轮循显示槽位温度。

② 管理网口的 IP 地址。

③ 智能风扇的工作状态。

（2）前面板指示灯状态。

① 业务板指示灯说明如表 5-3 所示。

表 5-3　业务板指示灯说明

指　示　灯	功　　能	现象与原因分析
POWER	电源通断指示	亮：业务板电源接通
		灭：业务板电源未接通
STATUS	工作状态指示	亮：工作状态正常
		灭：工作状态异常
LINK	受控指示	亮：该业务主板被主控板检测到
		灭：该业务主板未被主控板检测到
SWAP	热插拔状态指示	持续闪烁：业务主板未完全插入，接触不良
		闪烁 5s：按下热插拔键
		灭：业务主板处于可拆卸或者正常工作状态

② 主控板指示灯说明如表 5-4 所示。

表 5-4　主控板指示灯说明

指　示　灯	功　　能	现象与原因分析
POWER	电源通断指示	亮：主控板电源接通
		灭：主控板电源未接通
STATUS	工作状态指示	亮：工作状态正常
		灭：工作状态异常
LINK	受控指示	亮：主控板 CPU 总线连接正常
		灭：主控板 CPU 总线连接异常
SWAP	热插拔状态指示	持续闪烁：主控板未完全插入，接触不良
		灭：主控板处于正常工作状态

说明：热插拔的状态指示及操作方法请参考"3．硬件更换"的内容。

2．清理维护

视频综合平台属于精密电子设备，设备必须定期（3 个月）使用软毛刷或者吹气囊对入风口和风扇进行清理维护，如图 5-2 所示，各个接口说明如表 5-5 所示。

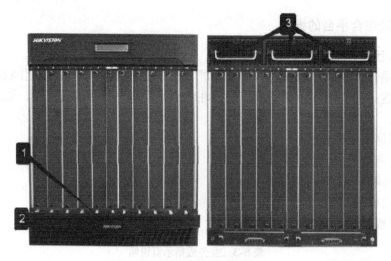

图 5-2 视频综合平台清理维护接口

表 5-5 接口说明

序　号	接　口	功　能
1	过滤网	1个，用于过滤空气中的灰尘
2	进风口	1个，冷空气入口
3	智能风扇	3组，用于机箱散热

设备清理过程中必须注意：清理前必须断开电源以防发生意外；不可使用硬毛刷、钢毛刷等可能对视频综合平台硬件造成损坏的清洁工具，也不可使用任何清洁溶剂（绝对不能使用腐蚀设备的溶剂）。

具体设备的清理维护如下。

（1）过滤网的清理：如图 5-3 和图 5-4 所示，将过滤网抽出，然后按维护要求清理。

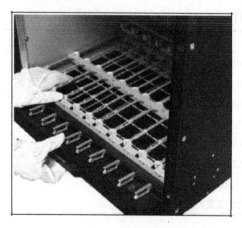

图 5-3 抽出过滤网   图 5-4 过滤网的清理

（2）入风口的清理：将入风口卸下，然后按维护要求对其进行清理。拆卸过程请按照以下步骤操作。

第 1 步：将视频综合平台两边机架挂耳的螺钉松开，卸下两边的机架挂耳，如

图 5-5 所示。

图 5-5　卸下两边的机架挂耳

第 2 步：将入风口两侧和底部的螺钉松开（共 9 颗）。

松开侧面的 4 颗螺钉（左右各 2 颗），如图 5-6 所示。

图 5-6　松开侧面的 4 颗螺钉

松开底部的螺钉（共 5 颗），如图 5-7 所示。

图 5-7　松开底部的螺钉

第3步：将入风口卸下，如图 5-8 所示。

图 5-8　将入风口卸下

（3）智能风扇的清理。

将 3 组风扇分别卸下，先用螺丝刀松开"1"处的螺钉；再拉住"2"处的把手，抽出风扇进行清理，使用软毛刷或者吹气囊对风扇上附着的灰尘进行清理。风扇的拆卸过程参见图 5-9。

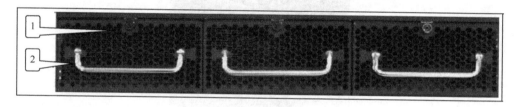

图 5-9　风扇的拆卸

3．硬件更换

（1）更换智能风扇。

视频综合平台的智能风扇支持带电热插拔（为安全起见，建议在关闭电源的状态下进行）。

① 佩戴防静电手套，用十字螺丝刀松开风扇的固定螺钉。

② 将需更换的风扇从插槽中抽出。

③ 将待更换的风扇插入插槽，并用十字螺丝刀拧紧固定螺钉。

（2）更换业务主板。

视频综合平台的业务主板支持带电热插拔（为安全起见，建议在关闭电源的状态下进行）。热插拔操作方法如下。

① 业务主板拆卸（带电），如图 5-10 所示。

● 佩戴防静电手套，按下业务主板"1"处的热插拔键，按下后可以看到"2"处的"SWAP"指示灯闪烁，5s 后"SWAP"灯熄灭，可进行下一步操作。

● 用十字螺丝刀松开业务主板的固定螺钉（上下两颗），打开卡扣，将待更换的业务主板从槽位中抽出。

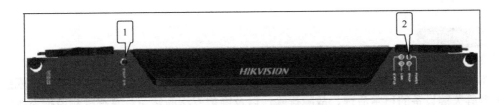

图 5-10　业务主板拆卸

② 业务主板安装（带电）。

佩戴防静电手套，将所需业务主板插入对应的插槽后，按下前面板的热插拔键，
"SWAP"灯闪烁 5s 后熄灭，表示业务主板进入正常工作状态。

注意：若"SWAP"灯一直闪烁，表示业务主板没有进入正常工作状态，需再次检查。

- 业务主板是否与后接口板匹配。
- 业务主板是否完全插入插槽。

（3）更换电源模块。

视频综合平台的电源模块支持带电热插拔（为安全起见，建议在关闭电源状态下进行）。

① 佩戴防静电手套，松开电源模块板左右的两颗螺钉。

② 将需更换的电源模块从插槽中抽出。

③ 将待更换的电源模块插入插槽并用十字螺丝刀拧紧固定螺钉。

四、系统维护

对视频监控系统各设备进行功能测试与维护后，还需对整个系统进行维护与保养，并
对整个系统进行全网测试，填写《视频监控系统测试记录表》。视频监控系统测试记录表的
一个示例如表 5-6 所示。

表 5-6　视频监控系统测试记录表

视频监控系统编号：　　　　　　　　视频监控系统地址：　　　　　　　　测试日期：

序号	项目内容及要求	检查结果	处理意见
1	各摄像机是否正常工作		
2	各终端监视器显示各信道画面是否清晰		
3	各交换机是否正常工作		
4	分监控室监视的所有摄像设备的画面是否清晰		
5	网络硬盘录像机是否正常工作		
6	登录网络硬盘录像，其各控制与联动功能是否正常		
7	远程登录网络硬盘，是否能实现各种监控功能		
8	视频综合平台是否正常工作		
9	视频综合平台的视频切换功能是否正常，电视墙显示是否正常，其他各种功能是否正常		
10	视频监控系统监视器显示、电视墙显示、控制键盘的控制，以及远程监控、录像是否正常		
检查保养与处理情况			

检查保养部门：　　　　　　　　检查保养时间：　　　　　　　　检查保养人：

 任务回顾

本任务主要学习视频监控系统的运行维护，通过对系统的摄像机、网络硬盘、视频综合平台等关键设备的日常清理、故障排除，以及维护方法的学习，掌握视频监控系统的内涵，以及各种设备的应用的把握，从而提高对视频监控系统的日常维护的动手操作能力。

 自我检测

一、填空题

1. 监视器上显示某一通道的图像不清晰，可能的原因是：＿＿＿＿＿＿＿＿＿＿＿；该如何处理呢？＿＿＿＿＿＿＿＿＿＿＿＿＿＿＿＿＿＿＿。

2. 网络硬盘录像机的维护主要要做到对设备＿＿＿＿＿＿＿＿＿＿＿＿＿；其中，防干扰主要要做到＿＿＿＿＿＿＿＿＿＿＿＿＿＿＿＿＿＿＿＿＿＿。

3. 视频综合平台的智能风扇支持＿＿＿＿＿＿＿＿，但为了安全起见，建议在关闭电源的状态下进行，其中安装业务主板时，可以＿＿＿＿＿＿操作，但要注意戴防静电手套。

二、简答题

1. 视频综合平台的维护最基本的要求有哪些（多长时间维护一次，用哪些工具，电源是否需要断开等）？

2. 更换业务主板的操作过程是怎么样的？有哪些注意事项？

学习任务二　入侵报警系统的维护

知识解析

入侵报警系统的维护其实就是对前端单元、传输单元及后端单元（包括信息处理子单元、显示子单元、通信子单元及控制子单元）的正常维护和故障排除工作，具体来说，就是对各类探测器、各种信号传输信道和中央报警控制器的维护、保养、检修与排障工作。这些工作分为定期性的维护工作与临时性的排障工作，在排障工作中，要求快速、准确且规范地排除所有故障，以保证整个安防系统的正常运行。

某小区入侵报警系统示意图如图 5-11 所示。

根据图 5-11，完成该入侵报警系统的定期维护工作。

操作过程

对整个入侵报警系统的维护工作主要应从以下几个方面开展：

- 对入侵报警系统的安装情况进行检查与维护；
- 对入侵报警系统的清洁情况进行检查与维护；
- 对入侵报警系统的布线情况进行检查与维护；

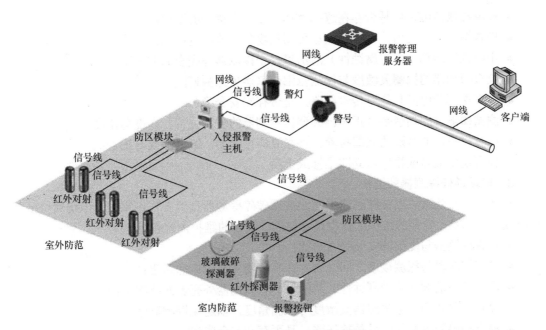

图 5-11 某小区入侵报警系统示意图

- 对各类探测器的灵敏度与探测范围进行检查与调试；
- 对入侵报警系统可能存在的安全隐患进行检查与排除；
- 对入侵报警系统的整体工作状况进行联网综合检查与测试。

一、入侵报警系统的维护

1. 主动式红外对射探测器的维护

主动式红外对射探测器工作环境通常位于室外，受自然条件影响较大，长此以往，势必会影响探测防护效果，造成误报警现象，所以定期（通常每月一次）的维护工作对于整个入侵报警系统的正常运行就显得非常重要。维护内容包括：

- 检查探测器与支架的安装是否牢固；
- 检查探测器之间是否存在遮挡物体，或产生遮挡的隐患；
- 用中性清洁剂（不带腐蚀性）清洁每一个探测器外壳表面并擦干；
- 进行一次发炮实验，以检查探测器的探测灵敏度；
- 检查探测器电源与信号传输线路，是否存在安全隐患；
- 测试探测器的功能是否正常，并调试探测器的探测性能；
- 如有隐患，能排除的立即排除，不能立即排除的，给出建议与报告；
- 如有设备故障或损坏，立即维修或更换。

2. 被动式红外微波双鉴探测器的维护

被动式红外微波双鉴探测器虽然工作在室内，环境条件较好，但由于其对安装位置、角度的精度要求较高，长时间工作后，为了避免漏报率的提高，也必须对其进行定期维护与调试。具体的维护内容包括：

- 检查探测器与支架的安装是否牢固；

- 检查探测范围之内是否存在遮挡物体，或产生遮挡的隐患；
- 检查探测范围之内是否存在大型可摆动物体，或产生摆动的隐患；
- 用中性清洁剂（不带腐蚀性）清洁每一个探测器外壳表面并擦干；
- 检查探测器的探测灵敏度与探测范围，以避免探测盲区；
- 检查探测器电源与信号传输线路，是否存在安全隐患；
- 测试探测器的功能是否正常，并调试探测器的安装位置、高度与角度；
- 如有隐患，能排除的立即排除，不能立即排除的，给出建议与报告；
- 如有设备故障或损坏，立即维修或更换。

3．玻璃破碎探测器的维护

与被动式红外微波双鉴探测器一样，玻璃破碎探测器虽然工作在室内，但仍然会受到环境变化的影响，定期的维护工作也是必要的。具体的维护内容包括：

- 检查探测器与支架的安装是否牢固；
- 检查探测器与探测玻璃之间是否存在吸声物体或吸声的隐患；
- 用中性清洁剂（不带腐蚀性）清洁每一个探测器外壳表面并擦干；
- 检查探测器的声电传感器灵敏度与探测角度，以避免探测盲区；
- 检查探测器电源与信号传输线路，是否存在安全隐患；
- 测试探测器的功能是否正常，并调试探测器的安装位置与探测角度；
- 如有隐患，能排除的立即排除，不能立即排除的，给出建议与报告；
- 如有设备故障或损坏，立即维修或更换。

4．报警按钮的维护

- 检查报警按钮及其附属部件的安装是否牢固；
- 检查报警按钮周围是否存在影响操作的不利环境；
- 用中性清洁剂（不带腐蚀性）清洁每一个报警按钮外壳表面并擦干；
- 检查报警按钮的相关线路，是否存在安全隐患；
- 测试报警按钮的功能是否正常；
- 如有隐患，能排除的立即排除，不能立即排除的，给出建议与报告；
- 如有设备故障或损坏，立即维修或更换。

5．各种报警输出设备的维护

- 检查各种报警输出设备及其附属部件的安装是否牢固；
- 检查各种报警输出设备周围是否存在影响信号输出的不利环境；
- 用中性清洁剂（不带腐蚀性）清洁各种报警输出设备外壳表面并擦干；
- 检查各种报警输出设备的相关线路，是否存在安全隐患；
- 测试各种报警输出设备的功能是否正常；
- 如有隐患，能排除的立即排除，不能立即排除的，给出建议与报告；
- 如有设备故障或损坏，立即维修或更换。

6．入侵报警系统主机及其扩展模块的维护

- 清洁有线和无线传输信道，并检查其传输性能；
- 清洁入侵报警主机、各防区控制模块、中央报警管理服务器，以及与相应传输信道的连接，并检查其连接功能；

- 检查各种传输信道和系统控制设备周围是否存在影响操作的不利环境，是否存在安全隐患；
- 检查、测试报警主机、中央报警管理服务器的软硬件工作状态；
- 检查供电电源与备用电源的可靠性，是否存在安全隐患；
- 如有隐患，能排除的立即排除，不能立即排除的，给出建议与报告；
- 如有设备故障或损坏，立即维修或更换；
- 备份各类监控数据。

二、维护工作的相关规定

（1）填写各种探测器及控制设备的维护记录表。每次对各种探测器及控制设备的维护工作，必须严格按维护工作的规章要求来进行并实时记录，主动式红外对射探测器的维护保养记录表如表 5-7 所示，其他探测器及设备的维护保养记录表与该表类似。

表 5-7　主动式红外对射探测器的维护保养记录表

设备编号：　　　　　　　　　　设备型号：　　　　　　　　　　维护保养日期：

序号	项目内容及要求	检查结果	处理意见
1	探测器与支架的安装是否牢固		
2	探测器之间是否存在遮挡物体，或产生遮挡的隐患		
3	用中性清洁剂（不带腐蚀性）清洁每一个探测器外壳表面并擦干		
4	发炮实验测试结果		
5	探测器电源与信号传输线路是否存在安全隐患		
6	探测器的功能是否正常，探测性能是否符合要求		
7	是否存在安全隐患		
8	是否存在设备故障或损坏		
综合处理意见			

维护保养部门：　　　　　　　　维护保养完成时间：　　　　　　　　维护保养人：

（2）填写入侵报警系统测试记录表。对整个入侵报警系统进行检查、维护保养工作之后，必须对整个系统进行全网测试，并填写《入侵报警系统测试记录表》。入侵报警系统测试记录表的一个示例如表 5-8 所示。

表 5-8　入侵报警系统测试记录表

入侵报警系统编号：　　　　　　入侵报警系统地址：　　　　　　测试日期：

序号	项目内容及要求	检查结果	处理意见
1	主动式红外对射探测器功能是否正常		
2	被动式红外微波双鉴探测器功能是否正常		
3	玻璃破碎探测器功能是否正常		
4	报警按钮功能是否正常		

（续表）

序号	项目内容及要求	检查结果	处理意见
5	声、光报警器是否工作正常，声强是否符合规范要求，是否存在开关控制		
6	报警控制主机和全部探测器是否具有警情报警功能、故障报警功能、防破坏功能、防拆功能等，工作是否正常，报警事件是否记录		
7	开关操作控制箱是否清洁、牢固		
8	报警控制主机是否工作正常		
9	报警控制主机防区是否完整有效		
10	报警控制主机联动是否工作正常		
检查保养与处理情况			

检查保养部门： 　　　　　检查保养时间： 　　　　　检查保养人：

（3）报修入侵报警设备时，应由技术人员根据相关《维护保养记录表》和《测试记录表》判断故障原因，在经现场勘察后，做出维修预算与维修方案，报相关部门审批通过后，实施维修工作。

（4）维修工作应严格控制在合同相关约定期限内完成，通常情况下，普通维修工作必须在 3 个工作日内完成，需要更换设备的维修工作必须在 7 个工作日内完成。维修工作完成后，维修人员需要填写《维修设备记录表》。

（5）维护与维修工作完成后，需要由相关技术人员验收，确保入侵报警系统的所有功能工作正常（如入侵报警布防与撤防功能，入侵报警功能，故障报警功能，防破坏功能，报警的记录、显示及打印功能，报警复核功能），确保报警响应时间、报警声光等级符合相关要求。

注意：在操作入侵报警系统的控制主机时，需要用户输入个人操作码（PIN 码）。在完成系统调试之后，用户可以重新设定 PIN 码和编程密码，并应牢记。

本任务从入侵报警系统维护工作的现实意义入手，学习入侵报警系统的维护工作的详细内容，并结合维护工作的实际要求，掌握入侵报警维护工作的整个流程。另外，通过系统维修过程的设备记录与系统测试记录，掌握系统维护的各种规范要求。

简答题

1. 简述入侵报警系统维护的意义。
2. 简述入侵报警系统维护工作的内容。
3. 简述入侵报警系统测试工作的内容。

学习任务三　出入口控制系统的维护

知识解析

出入口控制系统完成后，应保持工作环境的整洁，防尘、防潮、防电磁干扰（对读卡机），注意设备识别面（尤其是指纹仪、按键）的清洁，定期检查线路有无锈蚀、破损情况。其他工种在此区域作业时，注意不得损坏系统设备及线路。安装管理软件的计算机机房应采取防尘、防潮、防污染及防水措施。为了防止损坏设备和丢失零部件，应及时关好门窗，上锁并派专人负责。

某小区出入口控制系统示意图如图 5-12 所示。试完成该出入口控制系统的故障检修工作。

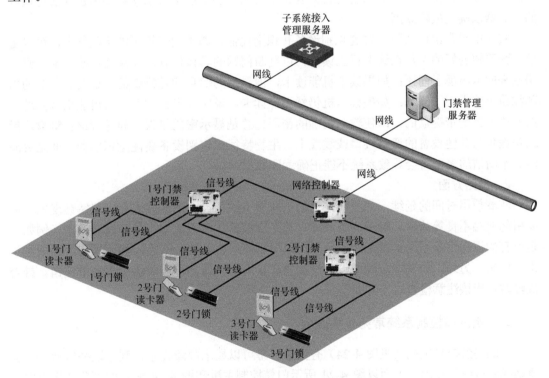

图 5-12　某小区出入口控制系统示意图

根据图 5-12，完成该出入口控制系统的定期维护工作。

操作过程

对整个出入口控制系统的维护工作应主要从以下几个方面开展：

● 对出入口控制系统的各设备运行情况进行检查与维护；

- 对出入口控制系统的线路方面进行检查与维护；
- 对出入口控制系统的控制器进行检查与维护；
- 对出入口控制系统的常见故障进行检查与维修；
- 对出入口控制系统进行整体维护。

一、出入口控制系统的故障原因分析

出入口控制系统正常运作后常见的故障现象是凭识别信息无法正常出入门或按出门铵钮无法开门，这可能是设备的原因，也可能是线路的原因。

1. 设备方面

门禁控制器内部出现故障必然造成出入口控制系统无法正常工作。这种故障的特点是门禁控制器管理的所有门区均无法工作。除非工作环境比较恶劣造成设备损坏或是设备本身质量存在问题，实际中出现这种故障的情况并不多。遇到这种情况，先查阅门禁控制器的使用说明书，里面一般有介绍如何将控制器复位的说明，然后将数据备份后进行设备恢复出厂设置，再重新导入数据看能否恢复正常。如果仍无法正常工作就要用替换法更换好的控制器以确定故障原因。

实际中经常出现故障主要是识别设备和识别凭证。如果读卡机不能正确读卡，可以更换一张已知的好的卡片在读卡机上读卡，以判断问题的具体位置。如果能正确读卡，则表明原来的卡出现了问题；如果读卡机能读卡，但显示的信息却是错误的，说明读卡器的内部线路可能出现了问题；如果读卡机仍然不能读卡，说明读卡机的读卡头可能出现问题。如果读卡器是带键盘的，即使输入正确的密码也总是显示密码错误，问题应该在键盘质量或是键盘与其他设备的通信接口或线缆上。生物特征式识别设备要注意识别器表面是否清洁。不清洁的表面将会导致系统不能正确读取数据。

2. 线路方面

随着使用时间的延续，某些线路上的一些接点或与设备的连接点会出现锈蚀现象，从而引起接触不良等故障。对于这类故障，首先应根据故障现象缩小故障线路范围（例如，是所有的识别设备不能正常工作还是个别识别设备无法正常工作等），然后采用万用表测量检查出来。另外，如果屏蔽线或设备没按要求接地，当遇到干扰时会引起系统出错。排查故障时也应该注意检查这一方面。

二、出入口控制系统常见故障提示

有的门禁控制主机（见图 4-24）有液晶屏幕可以显示故障提示，利用这些提示可以快速地找到故障的原因。下面以图 4-24 所示门禁控制主机和图 4-34 所示的菜单结构为例进行说明。

（1）如果某次刷卡后，控制器屏幕提示："007234641 [I-1] Invalid Card"，说明卡片007234641 没有出入权限，应进入 "Card Setting" 下的 "Normal Card" 的 "Add Card" 项进行设置，成功设置后会显示 "007234641 [1000] Total:3　*:Esc"，说明整个门禁控制器中设置了 3 张卡片有权限，卡片 007234641 在 1 号门有出入权限。如果已经设置过，检查是否设错了可出入的门，或是设置为临时卡，且过了有效期。

（2）如果某次刷卡后，控制器屏幕提示："Invalid Door"，说明读卡机的 ID 设置有问

题，应进入"Reader Setting"下的"Set Reader ID"项进行设置。如果屏幕显示"Set Reader ID OK！"，说明设置成功，此时可以重新设置卡片权限，再进行刷卡尝试。如果屏幕显示"No The Reader Error！"，说明门禁控制器找不到这个读卡机，可能是读卡机因电源不正常等原因没有工作，也可能是读卡机与门禁控制器相连接的控制线 R1+和 R1-出现了问题，需要做进一步检查。

（3）如果某次刷卡后，控制器屏幕提示类似："007234641 [I-1] Record 0012"，说明卡片 007234641 已正常刷卡，刷卡为第 12 条记录，门禁控制器也已根据卡片的权限打开门锁，如果此时门锁没有打开，说明门锁或门锁线路出现问题。检查门锁是否已坏的最简单办法是将门锁直接接到电源两端，如果电锁动作，则电锁正常。

（4）如果某次出门按钮被按下后，控制器屏幕提示类似："2015-03-01 Record 0015"，说明出门按钮已正常按下，动作为第 15 条记录，门禁控制器也已根据出门按钮的流程设置打开门锁，如果此时门锁没有打开，说明门锁或门锁线路出现问题。

（5）如果某次出门按钮被按下后，控制器屏幕没有任何提示，说明门禁控制器没有收到出门按钮的按下信息，原因可能是出门按钮损坏或是出门按钮线路出现问题，也有可能是门禁控制器中没有设置正确的流程。建议先设置相关流程，若无法正常动作，再检查相关线路或设备。

三、系统的维护

基于以上分析，操作任务中出入口控制系统的故障检修可按以下步骤进行。

（1）观察出入口控制系统各设备的地址、开关等设置是否正确，线路沿线、连接点有无松脱、断线等现象。

（2）用万用表测量确保电源无短路情况下接通电源，观察系统运行时有无异常声音、异常气味等，各识别设备、控制器电源指示是否正常。

（3）用故障信息（卡片、指纹或密码）在识别设备上识别，观察控制器或识别设备的提示信息，根据提示信息检查相关设置。

（4）用正确信息（卡片、指纹或密码）在识别设备上识别，观察系统能否正常动作，控制器或识别设备的提示信息是否与故障信息识别时相同。如果不相同，则根据提示信息的不同，检查信息凭证是否有误，如卡片损坏等。

（5）如果相同，则根据故障范围的大小用万用表检查相关线路有无短路、断路等故障，连接点有无松脱、接触不良等情况。对屏蔽线要注意检查屏蔽层是否可靠接地。

（6）如果确认线路无误，则用与系统中型号相同的好的设备替代相关设备进行替换检查。对于替换下来的有问题的设备，可以在导出数据后尝试恢复出厂设置，再导回数据检查功能。如果仍有故障则应将设备返厂维修。

（7）系统检修完成，检查所有的功能正常后交付用户使用。

（8）填写《出入口控制系统测试记录表》。对整个出入口控制系统进行检查、维护保养工作之后，必须对整个系统进行全网测试，并填写《出入口控制系统测试记录表》。出入口控制系统测试记录表的一个示例如表 5-9 所示。

表 5-9　出入口控制系统测试记录表

出入口控制系统编号：　　　　　　　　出入口控制系统地址：　　　　　　　　测试日期：

序号	项目内容及要求	检查结果	处理意见
1	读卡器能否正常工作		
2	读卡器读卡是否灵敏、密码输入能否正常工作		
3	读卡器与其他设备的通信是否正常		
4	门锁功能是否正常		
5	出门按钮是否正常工作		
6	门磁是否正常工作		
7	门禁控制器是否正常工作		
8	门禁控制器与各设备（如门锁、网络控制器）的信息传输是否正常		
9	门禁控制器的功能设置是否正常		
10	门禁管理服务器是否工作正常		
11	网络控制器是否工作正常		
12	门禁控制系统软件能否正常工作		
检查保养与处理情况			

检查保养部门：　　　　　　　　检查保养时间：　　　　　　　　检查保养人：

任务回顾

　　本任务围绕一个 3 门区门禁控制系统的安装与调试任务，学习具体门禁系统的维护与故障检修方法，并通过参与系统故障检修过程，注意系统的常见故障，从而掌握出入口控制系统的故障维修过程与方法。

自我检测

简答题

1．解释门禁控制器出现以下提示信息的含义，并说明处理办法。

（1）"Invalid Card"

（2）"Invalid Door"

（3）"No The Reader Error！"

（4）"2015-03-01 Record 0015"

2．出入口控制系统的维护流程是怎样的？请通过具体案例进行阐述。